BEI GRIN MACHT SICH IHR WISSEN BEZAHLT

- Wir veröffentlichen Ihre Hausarbeit, Bachelor- und Masterarbeit

- Ihr eigenes eBook und Buch - weltweit in allen wichtigen Shops

- Verdienen Sie an jedem Verkauf

Jetzt bei www.GRIN.com hochladen und kostenlos publizieren

Bibliografische Information der Deutschen Nationalbibliothek:

Die Deutsche Bibliothek verzeichnet diese Publikation in der Deutschen National-
bibliografie; detaillierte bibliografische Daten sind im Internet über http://dnb.d-
nb.de/ abrufbar.

Impressum:

Copyright © 2009 GRIN Verlag, Open Publishing GmbH
Druck und Bindung: Books on Demand GmbH, Norderstedt Germany
ISBN: 9783640444618

Dieses Buch bei GRIN:

http://www.grin.com/de/e-book/137524/der-hoehlenbaer

Ernst Probst

Der Höhlenbär

GRIN Verlag

Ernst Probst

DER HÖHLENBÄR

Ernst Probst

DER HÖHLENBÄR

Gewidmet

o. Univ.Professor Mag. Dr. Gernot Rabeder,
Institut für Paläontologie, Universität Wien

Dr. Brigitte Hilpert,
Geozentrum Nordbayern, Fachgruppe PaläoUmwelt, Erlangen

Dr. Wilfried Rosendahl
Reiss-Engelhorn-Museen, Mannheim

INHALT

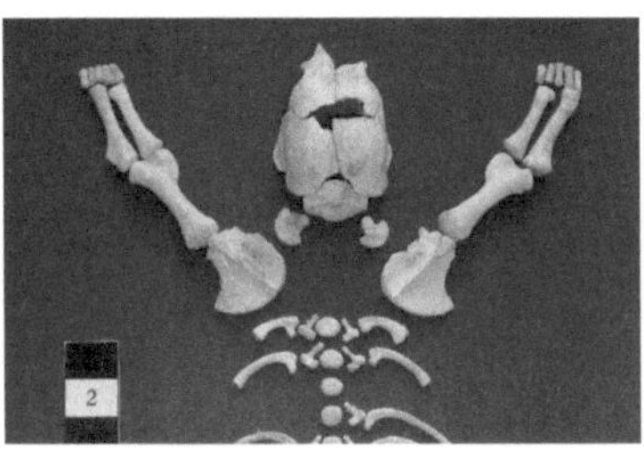

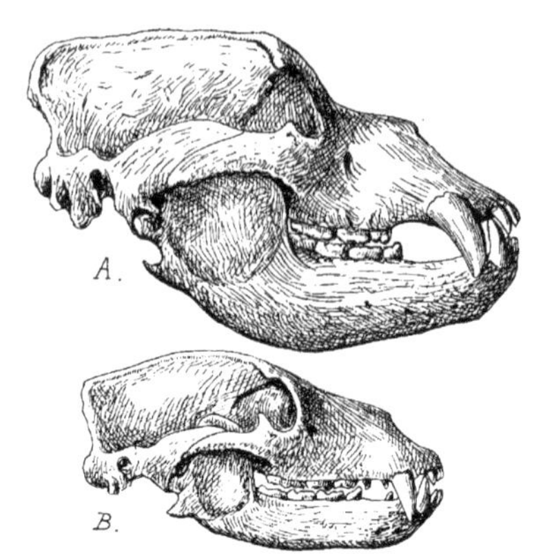

A.
B.

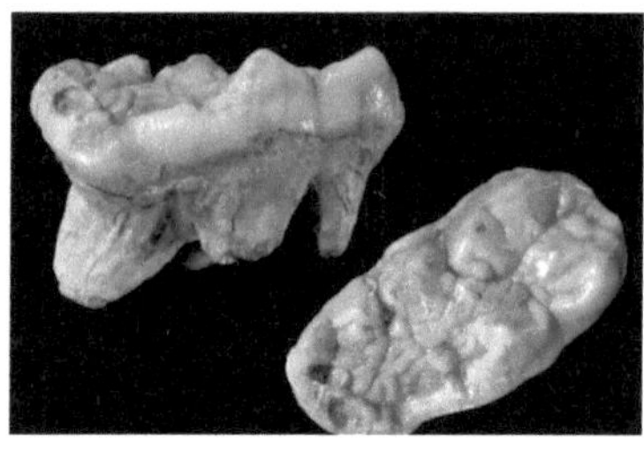

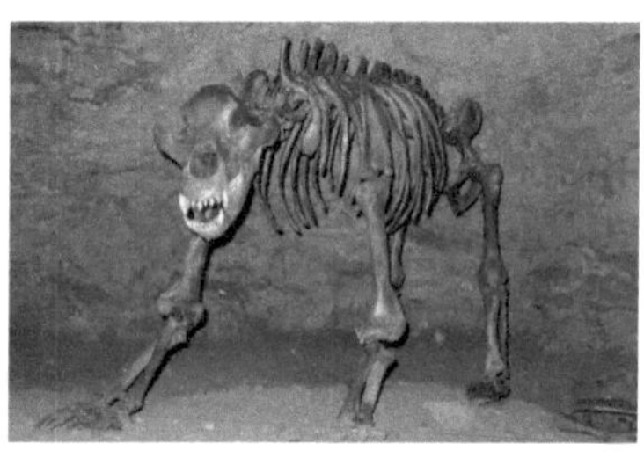

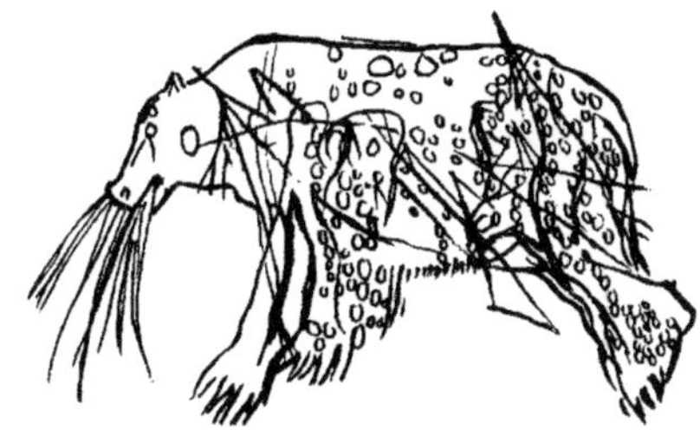

DANK

Dr. Cornelia Bockrath,
Museum für Naturkunde, Dortmund

Dr. Robert Darga,
Naturkunde- und Mammut-Museum Siegsdorf

Dr. Cajus Diedrich,
Paläontologe, Palaeologic, Halle/Westfalen

Thomas Engel,
geologischer Präparator, Naturhistorisches Museum Mainz /
Landessammlung für Naturkunde Rheinland-Pfalz

Fritz Geller-Grimm,
Kurator, Museum Wiesbaden

Univ.-Doz. Dr. Paul Gleischner
Leiter der Abteilung für Ur- und Frühgeschichte,
Landesmuseum Kärnten,
Klagenfurt am Wörthersee

Dr. Günter Graf
Kammerhofmuseum Bad Aussee

Dr. Bernd Herkner,
Museumsleiter
Senckenberg, Forschungsinstitut und Naturmuseum,
Frankfurt am Main

Dr. Brigitte Hilpert,
Geozentrum Nordbayern, Fachgruppe PalaeoUmwelt, Erlangen

Dr. Thomas Keller,
Landesamt für Denkmalpflege Hessen,
Archäologische und Paläontologische Denkmalpflege,
Wiesbaden

Dick Mol
Experte für fossile Säugetiere des Eiszeitalters
(vor allem Mammut), Hoofddorp (Niederlande)

Péter Papp,
Geologe, Magyar Allami Földtani Intézet /
Geological Institute of Hungary, Budapest

Doris Probst, Mainz-Kostheim

Stefan Probst, Mainz-Kostheim

o.Univ.-Prof. Mag. Dr. Gernot Rabeder,
Institut für Paläontologie, Universität Wien

Thomas Rathgeber,
Staatliches Museum für Naturkunde Stuttgart

Andreas E. Richter,
Richter-Fossilien, Augsburg

Dr. Wilfried Rosendahl,
Kurator, Reiss-Engelhorn-Museen, Mannheim

Dirk Schäfers,
Heimatverein Letmathe e.V., Iserlohn

Ulrich Schneppat,
Präparator, Bündner Naturmuseum, Chur

Dr. Marko Spieler,
Leiter der Museumspädagogik,
Museum für Naturkunde
Leibniz-Institut für Evolutions- und Biodiversitätsforschung
an der Humboldt-Universität zu Berlin

Dorothee Suray, Diplom-Biologin,
Lippisches Landesmuseum Detmold

Lektor Mag. Dr. Gerhard Withalm,
Institut für Paläontologie
Universität Wien

*Zeichnung eines Höhlenbären
von Toni Nigg (1908–2000),
Zeichner, Maler, Kupferstecher
und Sohn des Entdeckers
der Höhle Drachenloch bei Vättis,
Theophil Nigg (1880–1957)*

Der Höhlenbär:
ein pflanzenfressendes Raubtier

Ohne Schwanz bis zu 3,50 Meter lang, maximal 1,75 Meter hoch und bis zu 1200 Kilogramm schwer – das war der Höhlenbär *(Ursus spelaeus)* aus dem Eiszeitalter. Obwohl dieser ausgestorbene Bär bereits 1794 erstmals wissenschaftlich beschrieben wurde, gibt er mehr als 200 Jahre später immer noch viele Rätsel auf. Wann ist der Höhlenbär entstanden, war er ein Einzelgänger, hat er einen Winterschlaf oder eine Winterruhe gehalten, gab es eine Höhlenbärenjäger-Kultur und einen Höhlenbärenkult, wann und warum ist er ausgestorben? Antwort auf diese und andere Fragen gibt das Taschenbuch „Der Höhlenbär" des Wiesbadener Wissenschaftsautors Ernst Probst.

Der Höhlenbär gilt als das größte Tier, das die Gebirge im Eiszeitalter jemals bewohnt hat. Erstaunlicherweise war er ein pflanzenfressendes Raubtier, das während der kalten Jahreszeit wehrlos in einer Höhle lag. Dennoch mussten Steinzeitmenschen um ihr Leben fürchten, wenn sie ihm zur unrechten Zeit begegneten.

Die Idee für das Taschenbuch „Der Höhlenbär" reifte bei den Recherchen für das Taschenbuch „Höhlenlöwen. Raubkatzen im Eiszeitalter". Dieses 2009 erschienene Werk erwähnt neben Fundorten von Raubkatzen teilweise auch solche von Höhlenbären.

Das Taschenbuch „Der Höhlenbär" ist Professor Dr. Gernot Rabeder aus Wien, Dr. Brigitte Hilpert aus Erlangen und Dr. Wilfried Rosendahl aus Mannheim gewidmet. Alle drei sind Höhlenbärenexperten und haben den Autor bei verschiedenen Buchprojekten mit Rat und Tat unterstützt.

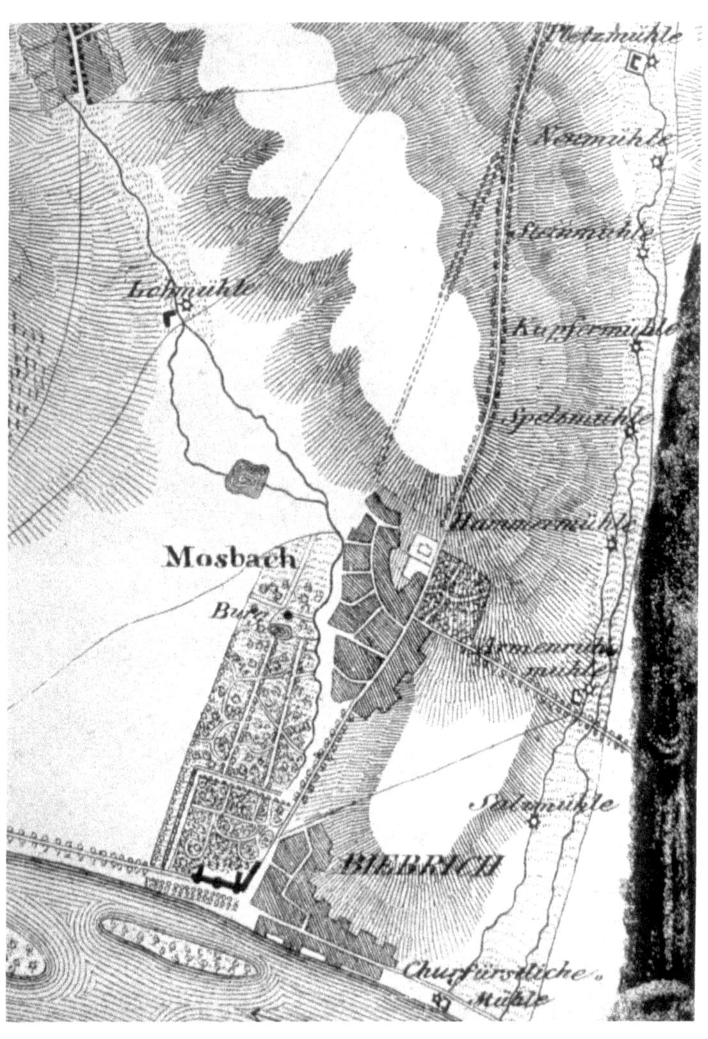

Ehemalige Dörfer
Mosbach und Biebrich
bei Wiesbaden
auf einem Plan von 1819

Wilhelm von Reichenau (1847–1925)
beschrieb 1904
den Mosbacher Bären (Ursus deningeri),
der auch Deninger-Bär genannt wird,
nach schätzungsweise
600.000 Jahre alten Funden
aus den
Mosbach-Sanden bei Wiesbaden.

Dorf Mosbach bei Wiesbaden auf einem Bild von 1815 (Bild oben). Wasserturm und Sandgrube auf der Adolfshöhe in Biebrich um 1900 (Foto unten). In der Sandgrube wurde 1906/1907 der Bahnhof Landesdenkmal gebaut. Er lag an der neuen Strecke vom Wiesbadener Hauptbahnhof nach Limburg.

Aufschluss Mosbach-Sande 2008 (Foto oben).
Oberschädel eines Mosbacher Bären (Ursus deningeri)
aus den Mosbach-Sanden bei Wiesbaden (Foto unten).
Original im Naturhistorischen Museum Mainz

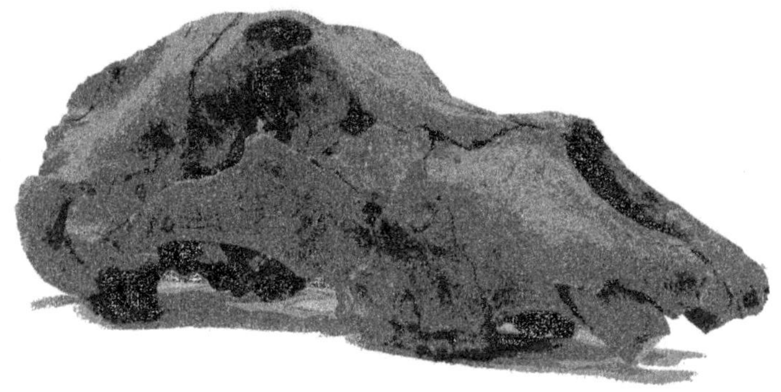

Oberschädel eines Mosbacher Bären (Ursus deningeri)
aus den Mosbach-Sanden bei Wiesbaden.
Original im Naturhistorischen Museum Mainz

Der Vorfahre des Höhlenbären

Nach gegenwärtigem Wissensstand entwickelte sich der Höhlenbär *(Ursus spelaeus)* im Eiszeitalter vielleicht bereits vor etwa 400.000 oder erst vor etwa 125.000 Jahren aus dem Mosbacher Bären *(Ursus deningeri)*, der auch Deninger-Bär genannt wird. Dieser Bär wurde 1904 von dem Mainzer Paläontologen Wilhelm von Reichenau (1847–1925) nach schätzungsweise 600.000 Jahre alten Funden aus den Mosbach-Sanden bei Wiesbaden erstmals wissenschaftlich beschrieben. Mit dem Artnamen *deningeri* erinnerte er an den in Mainz geborenen Geologen Karl Julius Deninger (1878–1917).

Wilhelm von Reichenau stammte aus Dillenburg, war Offizier, gab diesen Beruf aber wegen einer Kriegsverletzung auf. 1879 wurde er Präparator der Rheinischen Naturforschenden Gesellschaft in Mainz, 1888 Konservator an deren naturkundlichem Museum, 1907 Ehrendoktor der Philosophie der Universität Gießen. Ab 1910 fungierte er als Direktor des neuen Naturhistorischen Museums Mainz und war ab jenem Jahr auch Professor.

Die Mosbach-Sande sind nach dem Dorf Mosbach zwischen Wiesbaden und Biebrich benannt, wo man schon 1845 in etwa zehn Meter Tiefe erste eiszeitalterliche Großsäugerreste entdeckte. Dabei handelt es sich um Flussablagerungen des eiszeitalterlichen Mains, der damals weiter nördlich als heute in den Rhein mündete, des Rheins und von Taunusbächen.

1882 schlossen sich die Dörfer Mosbach und Biebrich zur Stadt Mosbach-Biebrich zusammen. In der Folgezeit wuchs die Bedeutung von Biebrich durch Schloss, Rheinverkehr, Industrie und Kaserne so stark, dass man 1892 den Begriff Mosbach aus dem Stadtnamen strich. Am 1. Oktober 1926 wurde Biebrich in Wiesbaden eingemeindet.

Beim Abbau der Mosbach-Sande kommen immer wieder Überreste von Wirbeltieren zum Vorschein, die wohl zum

Paläontologe Thomas Keller neben einem in Fundlage eingegipsten Fossil in den Mosbach-Sanden bei Wiesbaden

Lebensbild des riesigen Mosbacher Löwen (Panthera leo fossilis) von Fritz Wendler (1941–1995) aus Obergotzing bei Weyarn

größten Teil aus dem nach einem englischen Fundort bezeichneten Cromer-Komplex (etwa 800.000 bis 480.000 Jahre) stammen. Das Klima im Cromer war nicht einheitlich. Einerseits gab es milde, andererseits aber auch kühle Abschnitte.

Aus den Mosbach-Sanden hat Wilhelm von Reichenau 1906 auch den Mosbacher Löwen *(Panthera leo fossilis)* erstmals beschrieben. Diese Raubkatze aus der Zeit des Mosbacher Bären erreichte eine Kopfrumpflänge bis zu 2,40 Metern. Zusammen mit dem maximal 1,20 Meter langen Schwanz hatte dieser Löwe eine Gesamtlänge bis zu 3,60 Metern, womit er die Durchschnittsgröße heutiger Löwen aus Afrika um rund einen halben Meter übertraf. Nachzulesen ist dies in dem Taschenbuch „Höhlenlöwen" (2009) des Wiesbadener Wissenschaftsautors Ernst Probst.

Das Naturhistorische Museum Mainz besitzt mit mehr als 25.000 Funden aus den Mosbach-Sanden die größte Sammlung von Tieren aus dem Eiszeitalter des Rhein-Main-Gebietes. Die rund 2000 Funde umfassende Sammlung von Fossilien aus den Mosbach-Sanden im Museum Wiesbaden ist merklich kleiner, kann sich aber dafür des älteren Bestandes rühmen.

Im Fundgut der Archäologischen Denkmalpflege Hessen in Wiesbaden aus den Mosbach-Sanden sind Mosbacher Bären — nach Beobachtungen des Paläontologen Thomas Keller — die am häufigsten vertretenen Raubtiere. Keller unternimmt seit 1991 Forschungen in den Mosbach-Sanden. Unter den im Naturhistorischen Museum Mainz aufbewahrten Fossilien aus den Mosbach-Sanden überwiegen bei den Raubtieren dagegen die Wölfe.

Zu den ersten Funden aus den Mosbach-Sanden gehören Knochen und Zähne eiszeitalterlicher Tiere, die von Sandgrubenbesitzern und deren Arbeitern entdeckt wurden. Etliche dieser Funde gelangten ab Mitte des 19. Jahrhunderts in das Museum Wiesbaden. Als Erster begann August Römer (1825–1899), von 1886 bis 1899 Präparator und Konservator im Museum Wiesbaden, mit dem systematischen Sammeln von Fossilien aus den

*Mosbacher Löwe (Panthera leo spelaea), Waldbison (Bison
schoetensacki), Mosbachpferd (Equs mosbachensis) und Geier (Gyps)
im Eiszeitalter vor etwa 600.000 Jahren
auf einem Gemälde von Fritz Wendler*

Frühmenschen (Homo erectus), Waldnashorn (Dicerorhinus kirchbergensis), Gepard (Acinonyx pardinensis) und Affen (Macaca) im Eiszeitalter vor etwa 600.000 Jahren auf einem Gemälde von Fritz Wendler

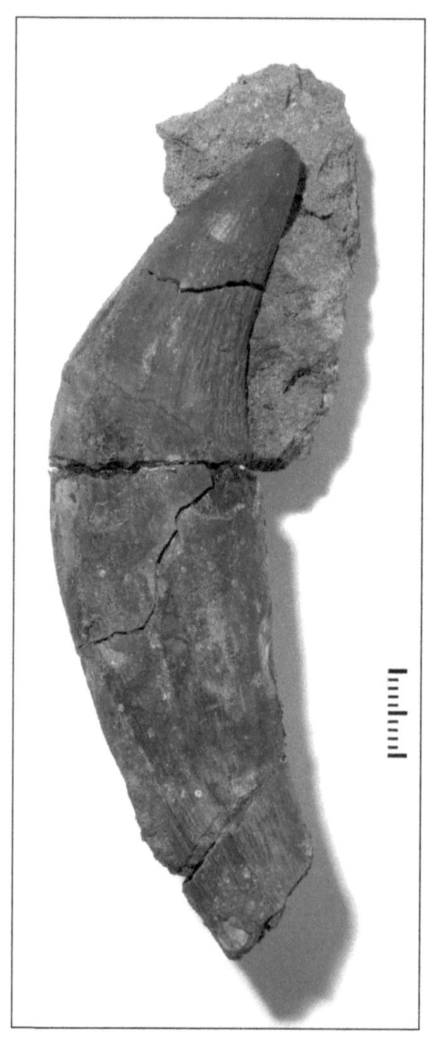

Eckzahn eines Mosbacher Bären (Ursus deningeri),
aus einer Spaltenfüllung von Sausenheim bei Grünstadt (Pfalz).
Original in der Sammlung Ulrich H. J. Heidtke,
Niederkirchen (Pfalz)

32

Mosbach-Sanden. Die von ihm aufgebaute Mosbach-Sammlung wurde vom Museum Wiesbaden angekauft.

Die geologisch ältesten Mosbacher Bären kennt man aus Höhlen von Deutsch-Altenburg in Niederösterreich. Dank der Reste anderer Säugetiere aus denselben Fundschichten konnte ihr Alter auf etwa 1,3 Millionen Jahre datiert werden. In Deutsch-Altenburg kamen der große Mosbacher Bär und der kleine Etruskische Bär bzw. Etruskerbär *(Ursus etruscus)* gleichzeitig vor. Der Mosbacher Bär ähnelte äußerlich dem Höhlenbären, war aber im Durchschnitt etwas kleiner als dieser. Er erreichte eine Schulterhöhe von etwa 1,50 Meter und ein Gewicht bis zu 450 Kilogramm. Männliche Mosbacher Bären waren merklich größer und schwerer als weibliche Artgenossen. Solche Größenunterschiede zwischen den Geschlechtern (Sexualdimorphismus) gibt es bei allen Großbären.

Die Stirnwölbung des Mosbacher Bären war noch nicht so ausgeprägt wie beim Höhlenbären. Im Laufe seiner Evolution nahm der Mosbacher Bär an Größe zu und seine vorderen Vorbackenzähne verschwanden allmählich. Seine Backenzähne besaßen nicht wie beim Höhlenbären typische zusätzliche Höcker, Kanten und Pfeiler. Die Extremitätenknochen sind schlanker als beim Höhlenbären und gleichen denen des Braunbären. Der Mosbacher Bär war häuptsächlich Vegetarier.

Ein 1978 in den Mosbach-Sanden von Wiesbaden gefundener rund 35 Zentimeter langer Unterarmknochen eines Mosbacher Bären erzählt eine Krankheitsgeschichte. An diesem Fossil fallen seitlich zwei unregelmäßig elliptisch geformte Vertiefungen mit leichten randlichen Verdickungen am Knochenschaft auf. Offenbar sind diese Vertiefungen durch Knochenabszesse (Osteomylitis) entstanden. Sie gelten als Indizien für Entzündungen an Knochen und Knochenmark, die entweder durch Erreger über die Blutbahn oder durch Verwundungen verursacht wurden. Diese krankhaften Veränderungen hatten keine Auswirkungen auf das Größenwachstum dieses Tieres. Da alle Knochenfugen geschlossen und verwachsen sind, ist dieser Bär

*Lebensbild des Mosbacher Bären bzw. Deninger-Bären
(Ursus deningeri)
des Paläontologen Wilfried Rosenthal aus Mannheim*

*Lebensbild des
Mosbacher Löwen
(Panthera leo fossilis)
aus dem Eiszeitalter
vor etwa 600.000 Jahren
von Shuhei Tamura
aus Kanagawa
in Japan*

im Erwachsenenalter gestorben. Wann und wo sich dieser Mosbacher Bär die Entzündungen zugezogen hat und ob sie seinen Tod herbeiführten, ist unbekannt.

Wenn der Mosbacher Bär tatsächlich erst vor etwa 125.000 Jahren ausgestorben sein sollte, was der Wiener Paläontologe Gernot Rabeder meint, hat er mehr als eine Million Jahre und somit viel länger als der Höhlenbär existiert. Das Verbreitungsgebiet des Mosbacher Bären reichte von den Britischen Inseln bis nach Ostasien und war somit viel größer als das des Höhlenbären. Es ist ein Rätsel, weshalb sich aus dem Mosbacher Bären nur in Europa der Höhlenbär entwickelt hat.

Johann Christian Rosenmüller (1771–1820),
der von 1792 bis 1794
an der Universität Erlangen Medizin studierte,
beschrieb 1794
anhand eines vollständig erhaltenen Schädelfundes
aus der Zoolithenhöhle
von Burggaillenreuth bei Muggendorf
in der Fränkischen Alb
erstmals den Höhlenbären (Ursus spelaeus).

36

Wie der Höhlenbär
zu seinem Namen kam

Die erste wissenschaftliche Beschreibung des Höhlenbären *(Ursus spelaeus)* erfolgte 1794 durch den Studenten Johann Christian Rosenmüller (1771–1820). Er war im Frühjahr 1792 von der Universität Leipzig an die Universität Erlangen gewechselt, um dort ein Medizinstudium zu beginnen. Von Erlangen aus unternahm er Wanderungen und Höhlenbesuche im rund 35 Kilometer entfernten Gebiet um „Muggendorf im Bayreuthischen Oberland", bevor er 1794 wieder an die Universität Leipzig zurückkehrte.

Auch nach seinem Wechsel von Franken nach Sachsen vergaß Rosenmüller die fossilen Tierreste aus den Höhlen in der Gegend von Muggendorf nicht. Er untersuchte sorgfältig einen vollständig erhaltenen Schädel aus der Zoolithenhöhle von Burggaillenreuth bei Muggendorf. Als Zoolithen (griechisch: zoon = Tier, lithos = Stein) wurden früher Fossilfunde bezeichnet. Rosenmüller erkannte, dass es sich bei dem Schädel aus der Zoolithenhöhle um den Rest eines Tieres handelte, das zwar zur Gattung der Bären gehörte, aber weder ein Eisbär noch ein Braunbär war. Wegen des häufigen Vorkommens solcher Bärenreste in Höhlen bezeichnete er die neue Art als *Ursus spelaeus* (lateinisch: Ursus = Bär, griechisch: spelaia = Höhle), zu deutsch: Höhlenbär.

Die Aufstellung der Art *Ursus spelaeus* erfolgte in der „dissertatio" namens „Quaedam de Ossibus Fossilibus Animalis cuiusdam, Historiam eius et Cognitionem accuratiorem illustrantia". Zu deutsch: „Eine anschauliche Darstellung der fossilen Knochen eiens gewissen Tieres, seine Geschichte sowie nähere Erläuterungen". Rosenmüller legte diese Arbeit am 22. Oktober 1794 zur Erlangung des akademischen Titels eines „Doktors der Weltweisheit" an der Philosophischen Fakultät der Universität

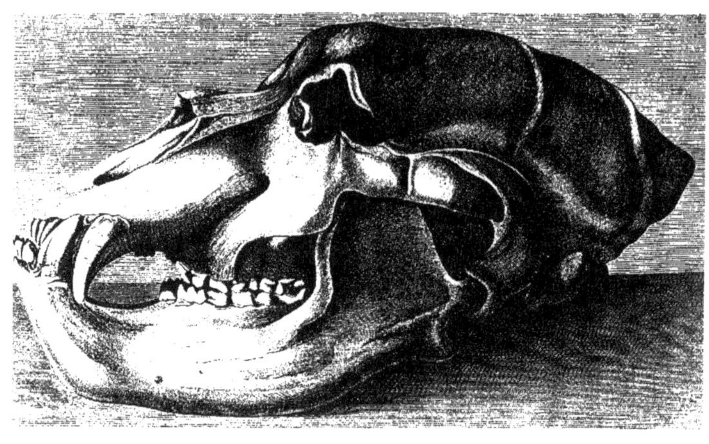

Schädel aus der Zoolithenhöhle von Burggaillenreuth bei Muggendorf, den Johann Christian Rosenmüller 1794 als Höhlenbären (Ursus spelaeus) wissenschaftlich beschrieb

*Johann Christian August
Heinroth (1773–1843),
deutscher Psychiater*

*Georges Cuvier (1769–1832),
französischer Anatom
und Zoologe aus Paris*

Leipzig vor. Damit erwarb Rosenmüller einen Titel, der dem eines heutigen Doktors der Philosphie entspricht.

Bei dieser „dissertatio" handelte es sich nicht, wie in der Literatur manchmal zu lesen ist, um eine Gemeinschaftsarbeit von Rosenmüller und des späteren Psychiaters Johann Christian August Heinroth (1773–1843). Heinroth wird zwar als bei der Präsentation der Ergebnisse assistierender Student der Medizin namentlich erwähnt, aber nicht als Erwerber eines Titels. Aus diesem Grund ist das Zitat „*Ursus spelaeus* ROSENMÜLLER & HEINROTH 1794" falsch. Heinroth legte seine Dissertation zum „Dr. med." 1805 an der Universität Leipzig vor. Auf diese Tatsachen wiesen 2005 die Wissenschaftler Wilfried Rosendahl (Mannheim), Doris Döppes (Darmstadt) und Stephan Kempe (Darmstadt) hin.

1795 veröffentlichte Rosenmüller die erweiterte deutsche Fassung seiner Erstbeschreibung des Höhlenbären von 1794 unter dem Titel „Beiträge zur Geschichte und nähern Kenntniß fossiler Knochen". Auch in dieser Arbeit verwies er darauf, dass es sich bei *Ursus spelaeus* um einen Bären handle, der den Artnamen *spelaeus* zu recht verdiene. 1804 schloss Rosenmüller mit seinem Werk „Abbildungen und Beschreibungen der fossilen Knochen des Höhlenbären" seine Untersuchungen der bis dahin bekannten Skelettteile des Höhlenbären ab.

Auch der berühmte französische Anatom und Zoologe Georges Cuvier (1769–1832) aus Paris hat sich eingehend mit dem Höhlenbären befasst. Er wurde im damals zu Württemberg gehörenden Mömpelgard (Montbéliard) geboren, hieß eigentlich Georg Küfer und gilt als Begründer der Wirbeltierpaläontologie. Cuvier prägte für den Höhlenbären die Bezeichnung „der große Bär mit der gewölbten Stirne" und beschrieb in einer Ver-öffentlichung zahlreiche damals bekannte Höhlen, in denen man Knochen ausgestorbener Tiere gefunden hatte.

In der wissenschaftlichen Systematik wird der Höhlenbär heute zu den Chordatieren (Chordata), Säugetieren (Mammalia), Raubtieren (Carnivora), Bären (Ursidae) und zur Gattung *Ursus* gerechnet. Innerhalb der Gruppe der Raubtiere kennt man vier Familien von Bären: nämlich Katzenbären (wie der Kleine Panda), Bambusbären (wie der Große Panda), Kleinbären (wie der Waschbär) und Großbären (wie der Braunbär und der Eisbär). Zu letzterer Familie zählt auch der ausgestorbene Höhlenbär. Für Laien klingt es etwas seltsam, dass der Höhlenbär, der ein Pflanzenfresser war, als Raubtier bezeichnet wird.

Kleiner Panda

Großer Panda

Waschbär

Großbären bzw. Grizzlybären

Johann Christian Rosenmüller

Der Mann, dem die Ehre gebührt, 1794 als Erster den ausgestorbenen Höhlenbären *(Ursus spelaeus)* wissenschaftlich beschrieben und benannt zu haben, ging nicht nur in die Annalen der Paläontologie, der Lehre vom Leben in der Urzeit, sondern auch der Medizin ein. Denn Johann Christian Rosenmüller war in seinem späteren Leben als Arzt und Anatom sehr erfolgreich. Diese Tatsache wird allerdings von manchem heutigen Lexikon verschwiegen.

Johann Christian Rosenmüller kam am 25. Mai 1771 in Hessberg bei Hildburghausen (Thüringen) zur Welt. Sein Vater, der Kanzelredner und theologische Schriftsteller Johann Georg Rosenmüller, ließ ihm eine gute Erziehung zuteil werden. Ersten Unterricht erhielt er in Schulen von Königsberg (Franken) und Erfurt. Bereits damals besaß er ein ungewöhnliches zeichnerisches Talent.

Nach einem kurzen Aufenthalt in Gießen ging Johann Christian Rosenmüller an die Universität Leipzig, wo er 1792 den akademischen Grad eines Magisters erlangte. 1792 begann er an der Universität Erlangen ein Medizinstudium. In seiner Freizeit unternahm er von Erlangen aus Wanderungen, besuchte Höhlen im Gebiet um „Muggendorf im Bayreuthischen Oberland", also in der heutigen Fränkischen Schweiz, und betrieb naturwissenschaftliche Studien.

Während seiner Studentenzeit in Erlangen besuchte Rosenmüller am 18. Oktober 1793 zusammen mit dem Höhleninspektor Georg Wunder und dessen Sohn Johann Ludwig eine Höhle bei Muggendorf im Wiesenttal. Die Angaben über die Entdeckung dieser 112 Meter langen und bis zu 16 Meter hohen Tropfsteinhöhle in der Literatur sind sehr widersprüchlich. Einerseits heißt es, diese Höhle sei den Einwohnern von Muggendorf schon lange bekannt gewesen und die Kirchenverwaltung habe während des Dreißigjährigen Krieges (1618–1648) dort ihre Schätze

Die Rosenmüllerhöhle bei Muggendorf
im Wiesenttal in der Fränkischen Alb
ist nach dem Anatom Johann Christian Rosenmüller benannt.
Er hatte diese Höhle
während seiner Studentenzeit in Erlangen
am 18. Oktober 1793
zusammen mit zwei Begleitern besucht.

42

versteckt. Andererseits wird behauptet, diese Höhle sei 1790 von Johann Ludwig Wunder entdeckt worden.

Wie dem auch sei: Die erste belegte Befahrung dieser Höhle im Oktober 1793, die man fortan Rosenmüllerhöhle oder Rosenmüllershöhle nannte, war ein Abenteuer. Die Erstbefahrer ließen sich – vielleicht mit Hilfe eines Seiles oder mit zusammengebundenen Leitern – vom ursprünglichen schmalen Einstieg bis zum etwa 16 Meter tiefer liegenden Höhlenboden hinab. Zum Aufstieg sollen mehrere aneinander gebundene Strickleitern verwendet worden sein.

Rosenmüller beschrieb diese Höhle einige Jahre später in seiner Abhandlung „Abbildungen und Beschreibungen merkwürdiger Höhlen in Muggendorf im Bayreuthischen Oberlande" (1796). Auch andere Autoren – wie Johann Gottfried Köppel (1749–1798), Karl Ludwig von Knebel (1744–1834) und Georg August Goldfuß (1782–1848) – befassten sich mit der Rosenmüllerhöhle und veröffentlichten Illustrationen und Kupferstiche. 1830 erhielt die Rosenmüllerhöhle einen künstlichen Eingang und von 1836 bis etwa 1960 diente sie als Schauhöhle.

Die Rosenmüllerhöhle war ursprünglich mit verschiedenen Sinterformen – wie Wand-, Boden-, Deckensinter, Sinterbecken, Tropfsteinen und Wasserstandsmarken – geschmückt. Nach der Einstellung des Schauhöhlenbetriebes haben unvernünftige Besucher/innen im für Menschenhand zugänglichen Bereich jeglichen Sinterschmuck geraubt. Deshalb kann die einstige Schönheit der Rosenmüllerhöhle heute nur noch erahnt werden.

1794 kehrte Rosenmüller an die Universität Leipzig zurück. Am 22. Oktober jenes Jahres legte er an der Philosophischen Fakultät Leipzig seine in lateinischer Sprache verfasste Arbeit „Quaedam de ossibus fossilibus animalis cuiusdam, historiam eius et cognitionem accuratiorem illustrantia, dissertatio, quam d. 22. Octob. 1794. Ad disputandum proposuit Ioannes Christ. Rosenmüller Heßberga-Francus, LL. AA. M. in Theatro anatomico Lipsiensi Prosector assumto socio Io. Chrs. Heinroth Lips Med. Stud. Cum. tabula aenea". vor. Darin beschrieb er erstmals den Höhlenbären und bezeichnete ihn als *Ursus spelaeus*. Damit erwarb er den akademischen Titel eines „Doktors der Weltweisheit".

1797 wurde Rosenmüller „Dr. med." und ließ sich danach als praktischer Arzt in Leipzig nieder. Ab 1799 arbeitete er als Garnisonsarzt. 1802 avancierte er an der Universität Leipzig zum außerordentlichen Professor der Anatomie und Chirurgie. 1804 wurde er ordentlicher Professor in diesen Fächern und Besitzer der medizinischen Fakultät.

Die wissenschaftlichen und praktischen Arbeiten von Rosenmüller erhielten immer mehr Anerkennung in der Fachwelt. Man ernannte ihm zum „Hofrath" und verlieh ihm etliche Auszeichnungen.

Bei seinen zahlreichen wissenschaftlichen Veröffentlichungen über medizinische Themen profitierte Rosenmüller von seinem großen zeichnerischen Talent. Am bekanntesten ist sein Werk „Handbuch der Anatomie nach Leber's Umriß der Zergliederungskunst zum Gebrauche für Vorlesungen" (1808).

Jedem Mediziner ist der Name von Johann Christian Rosenmüller wegen der so genannten „Rosenmüller'schen Grube" vertraut. Darunter versteht man eine zwischen der Rachenöffnung der Ohrtrompete und der hinteren Schlundtopfwand von der Schleimhaut gebildete nach außen und oben gerichtete, blinde und drüsenreiche Bucht.

1809 legte Rosenmüller sein Amt als Universitätsphysikus nieder. Während seiner letzten Lebensjahre litt er an asthmatischen Beschwerden. Bei einem seiner Anfälle in der Nacht vom 28. zum 29. Februar 1820 starb er im Alter von nur 48 Jahren in Leipzig.

Im Germanischen Nationalmuseum in Nürnberg wird ein Bild von Johann Christian Rosenmüller aufbewahrt. Dieses Porträt wurde in Leipzig von dem Künstler Johann Friedrich Schröter (1770–1836) gezeichnet und gestochen. Es trägt den Titel „D. Joh. Christ. Rosenmüller. Professor Ordin. der Anatomie u. Chirurgie in Leipzig".

Weitere Formen der Höhlenbären

Dank der bahnbrechenden Forschungen des österreichischen Paläontologen Gernot Rabeder aus Wien kennt man heute weitere Formen des Höhlenbären aus dem Jungpleistozän (etwa 125.000 bis 11.700 Jahre) in Mitteleuropa. Dabei handelt es sich neben dem bereits seit 1794 bekannten Höhlenbären *(Ursus spelaeus)* um drei erst 2004 identifizierte Formen namens *Ursus spelaeus ladinicus* (ladinischer Bär oder Conturinesbär), *Ursus spelaeus eremus* (Rameschbär) und *Ursus ingressus* (Gamssulzenbär). Die neuen Formen ließen sich anhand ihres Erbgutes (mitochondriale DNA) sowie nach metrischen und morphologischen Kriterien unterscheiden.

Ursus spelaeus ladinicus wurde 2004 von Rabeder nach Funden aus der Conturineshöhle bei Sankt Kassian (San Ciascian) in den Dolomiten (Südtirol, Italien) erstmals beschrieben. Der Name *ladinicus* dieser Unterart erinnert daran, dass die Typuslokalität Conturineshöhle in Ladinien (Südtirol) liegt. Laut Rabeder könnte der kleine ladinische Bär oder Conturinesbär eine Unterart des Höhlenbären *(Ursus spelaeus)* gewesen sein. Die in rund 2800 Meter liegende Conturineshöhle ist der höchste Fundort von Höhlenbären und Höhlenlöwen *(Panthera leo spelaea)*. Funde des ladinischen Bären kennt man aus Höhlen in der Steiermark (Bärenhöhle im Kleinen Brieglersberg) und der Schweiz (Sulzfluhhöhle im Rätikon) und womöglich aus Slowenien (Ajdovska jama).

Ursus spelaeus eremus wurde 2004 von Rabeder nach Funden aus der Ramesch-Knochenhöhle im Warscheneck in Oberösterreich erstmals beschrieben. Ramesch ist vom lateinischen Begriff eremus (einsam, allein stehend) abgeleitet. Außerdem kennt man Funde von *Ursus spelaeus eremus* aus Höhlen in der Steiermark (Brettsteinbärenhöhle, Ochsenhalthöhle, Salzofenhöhle, alle drei im Toten Gebirge), Niederösterreich (Herdengelhöhle, Schwa-

Der österreichische Paläontologe Gernot Rabeder aus Wien
hat neue Formen des Höhlenbären aus Mitteleuropa beschrieben.
Dabei handelt es sich neben dem Höhlenbären (Ursus spelaeus)
um drei Formen:
Ursus spelaeus ladinicus (ladinischer Bär oder Conturinesbär),
Ursus spelaeus eremus (Rameschbär) und
Ursus ingressus (Gamssulzenbär).

benreithhöhle), Oberösterreich (Schreiberwandhöhle), Bayern (Neue Laubenstein-Bärenhöhle in den Chiemgauer Alpen).

Der kleine Rameschbär *(Ursus spelaeus eremus)* könnte ebenfalls eine Unterart des Höhlenbären *(Ursus spelaeus)* repräsentieren. Es ist aber laut Rabeder auch denkbar, dass die beiden alpinen Unterarten *Ursus spelaeus eremus* und *Ursus spelaeus ladinicus* zu einer Art gehören, die dann *Ursus ladinicus* heißen müsste.

Ursus ingressus ist 2004 von Rabeder nach Funden aus der Gamssulzenhöhle oberhalb des Gleinkersees im Toten Gebirge in Oberösterreich erstmals beschrieben worden. Bei diesem großen Gamssulzenbär handelt es sich nach Ansicht von Rabeder um eine eigenständige Art, die vor rund 50.000 Jahren in die Alpen und Dinariden eingewandert ist.

Ursus ingressus hat den angestammten Höhlenbären *Ursus spelaeus* in Höhlen des Achtals in Baden-Württemberg wie Geißenklösterle bei Blaubeuren-Weiler und Hohle Fels bei Schelklingen sowie *Ursus spelaeus eremus* in der Herdengelhöhle bei Lunz am See in Niederösterreich verdrängt. Darauf bezieht sich der Artname *ingressus* (zu deutsch: Eindringen). Wo *Ursus ingressus* entstand, ist bisher ungeklärt.

Der Gamssulzenbär ist außer in Österreich (Bärenhöhle im Hartelsgraben bei Hieflau, Kugelsteinhöhle II bei Deutschfeistritz, Lieglloch bei Tauplitz im Toten Gebirge, Drachenhöhle bei Mixnitz, Nixloch bei Losenstein-Ternberg) auch in der Schweiz (Schnurenloch im Berner Oberland, Wildkirchli im Säntis) und in Slowenien (Potocka zijalka in den Karawanken, Krizna jama bzw. Kreuzberghöhle) nachgewiesen.

*Der deutsche Naturforscher Georgius Agricola (1494–1555),
bürgerlich Georg Bauer, Begründer der Mineralogie, Metallurgie
und Bergbaukunde, bezeichnete alle ausgegrabenen Besonderheiten
des Erdbodens als Fossilien.*

Was sind Fossilien?

Als Fossilien (lateinisch: fodere, fossum = ausgegraben) werden heute nur die Überreste von ausgestorbenen Pflanzen und Tieren sowie deren Lebensspuren bezeichnet. Ursprünglich, zum Beispiel vom deutschen Naturforscher Georgius Agricola (1494–1555), bürgerlich Georg Bauer, dem Begründer der Mineralogie, Metallurgie und Bergbaukunde, hat man alle ausgegrabenen Besonderheiten des Erdbodens, auch Mineralien und Steinwerkzeuge, so genannt.

Die Geschichte des Lebens auf unserem Planeten könnte nicht geschrieben werden, wenn die Vorfahren der heute lebenden Pflanzen und Tiere nicht ihre Spuren oder fossilen Reste hinterlassen hätten. Diese Überreste, also die Fossilien, ermöglichen es, die Entwicklung zu immer höher entwickelten Formen zu verfolgen.

Unzählige Milliarden von Tieren sind seit der Entstehung des Lebens auf der Erde vor etwa vier Milliarden Jahren gestorben. Trotzdem ist unser Planet nicht von Relikten toter Tiere übersät. Denn die Überreste bleiben nur in Ausnahmefällen erhalten.

Ein Fluginsekt oder ein Vogel etwa haben kaum Aussichten, innerhalb ihres Lebensraums fossilisiert zu werden. Dies kann nur geschehen, wenn der Körper des toten Organismus bald nach dem Absterben durch Schlamm oder Sand bedeckt wird. Zwar zersetzt sich auch dann der Weichkörper, aber die Hartteile werden vor der Zerstörung bewahrt.

Auch landlebende Wirbeltiere, wie Saurier, Mammute oder Nashörner, werden selten als Fossilien geborgen, weil ihre Leichen auf der Erdoberfläche der Zersetzung und der Verwitterung preisgegeben sind. Deshalb haben Pflanzen und Tiere, die einst in Meeren, Seen und Flüssen gelebt haben, eine größere Chance, der Nachwelt erhalten zu bleiben, als solche, die auf dem Land lebten.

Die wichtigste Voraussetzung für die Überlieferung eines

Mammut (Mammuthus primigenius)
aus dem Eiszeitalter.
In den Dauerfrostböden Sibiriens
entdeckte man
zahlreiche große und kleine Mammute,
die so tief gefroren waren,
dass ihr Fell,
ja sogar ihr Fleisch,
unzerstört blieb
und ihr Magen
noch unverdaute Pflanzennahrung enthielt.
Es liegen sogar Berichte vor,
denen zufolge Hunde von Zobeljägern
das Fleisch von Mammuten
gefressen haben sollen
Die Zeichnung oben
zeigt die Rekonstruktion eines Mammuts
aus der Hand
des österreichischen Paläontologen
Othenio Abel (1875–1946).

vollständigen Skeletts ist, dass der Tierkörper nach dem Tod nicht mehr passiv fortbewegt wird, sondern an seinem Sterbeort bleibt, eingebettet wird und so völlig ungestört versteinern kann.

In Steppen und Wüsten konservierte der angewehte Staub und der alles einhüllende Feinsand die toten Tierkörper im Skelettverband. Da solche Einbettungsorte meist äußerst trockenes und warmes Klima haben, treten dort Mumifizierungen auf, die sogar zur Erhaltung von organischer Substanz, meist von harten Häuten und Schuppenkleidern, führen.

Säugetiere des Tertiärs (etwa 65 bis 2,6 Millionen Jahre) und besonders des Eiszeitalters (etwa 2,6 Millionen bis 11.700 Jahre) und der Nacheiszeit wurden häufig in Kiesen, Sanden und Tonen von Flüssen eingebettet. Hier kamen jedoch zu der Zerstörung und Zerteilung des Körpers durch den Transport und die sauerstoffreichen Wässer noch die Abrollung der Knochen und ihr Anschliff durch Sande hinzu. Nur die widerstandsfähigsten Skelettteile wurden in diesem Fall überliefert. Oft sind Zähne mit ihrem harten Dentin (Zahnbein) und den Zahnschmelzüberzügen die einzigen übrigbleibenden Reste von Wirbeltieren. Dies gilt für die großen Backenzähne von Elefanten und Nashörnern ebenso wie für die kleinen Kauwerkzeuge von Mäusen und anderen Kleinsäugern.

Eine besondere Form der Überlieferung ermöglichte der Vorgang der Entkalkung einerseits und die Erhaltung von Haut und sonstigen organischen Resten andererseits in eiszeitalterlichen oder nacheiszeitlichen Moorablagerungen. Ein im Moor versunkener Körper wird zwar durch die Humussäure des Bodens entkalkt und sinkt deshalb auch flach in sich zusammen, aber die Säure bewirkt gleichzeitig einen Gerbprozess, durch den die Haut lederartig wird.

Tierische Fossilien sind aber nicht die einzigen Zeugen der Urzeit. Die überdeckten Reste von Pflanzen etwa werden manchmal in Kohle umgewandelt. Diesen Vorgang nennt man Inkohlung. Frühzeitliche Insekten wiederum, die sich einst in klebrigem Harz

verfingen, wurden in diesem, zu Bernstein erhärtet, der Nachwelt
erhalten. Unter Luftabschluss bleibt dann selbst das feinste
Geäder der Flügel sichtbar.
Auch Eier, Tierausscheidungen (Koprolithen), Schwanz- und
Fußabdrücke können fossilisiert werden.
In den Dauerfrostböden Sibiriens fand man zahlreiche große
und kleine Mammute, die so tief gefroren waren, dass ihr Fell, ja
auch ihr Fleisch, unzerstört blieb und ihr Magen unverdaute
Pflanzennahrung enthielt. Es wird berichtet, dass Hunde von
Zobeljägern sogar ihr Fleisch gefressen hätten.
Bei der Fossilisation können verschiedene chemische Vorgänge
getrennt oder nebeneinander vorkommen: die Verkieselung, die
Einkieselung oder die Verkiesung.
Bei der Verkieselung wird ursprüngliches Material (Kalkschale,
Holz oder Knochengewebe) abgebaut und durch Kieselsäure
(SiO) ersetzt. Auf diese Weise erfolgt molekülweise ein Austausch
gegen Kieselsäure, wobei die ursprüngliche Struktur (etwa
Jahresringe in Bäumen) sehr genau abgebildet werden kann
(Pseudomorphose).
Im Gegensatz dazu bezeichnet die Einkieselung einen Vorgang,
bei dem ein ursprünglicher Hohlraum nachträglich ganz oder
teilweise mit Kieselsäure ausgefüllt wird. Bei der Einkieselung
werden zum Beispiel die Hohlräume von Schneckenhäusern mit
Kieselsäure gefüllt. Dieser steinerne „Ausguss" eines Hohlraumes, der Steinkern, bleibt auch dann noch erhalten, wenn die
Kalkschale des Gehäuses gelöst wird. Häufiger erfolgt die
Ausgießung eines Hohlraumes jedoch durch Sedimente.
Eine Verkiesung liegt vor, wenn ursprüngliche Substanz durch
Pyrit („Schwefelkies") oder Markasit ersetzt wird – zum Beispiel,
wenn die ehemalige Kalkschale eines Ammoniten durch Pyrit
ersetzt wird.
Vorgänge, die Organismenleichen so vorbereiten, dass sie in den
späteren Zustand eines Fossils übergehen können, gibt es
natürlich auch heute.

In der Würm-Eiszeit vor etwa 42.000 bis 35.000 Jahren entstanden: die ältesten Löwenspuren Europas von Bottrop-Welheim

53

Schnitt durch die knochenreichen Schichten der Zoolithenhöhle von Burggaillenreuth bei Muggendorf in der Fränkischen Alb (Bild oben). Diese Zeichnung wurde 1823 in einer Publikation des englischen Paläontologen William Buckland (1874–1856, Bild unten) veröffentlicht.

54

Wie Fossilien
von Höhlenbären entstehen

Ein durch einen Feind getötetes oder auf natürliche Weise gestorbenes Säugetier wird meistens von Beutegreifern oder Aasfressern beseitigt. Ist dies nicht der Fall, erledigen dies – neben dem Selbstzerfall – oft zahlreiche kleinere Lebewesen vom Aaskäfer bis zu Mikroorganismen. Lediglich unter bestimmten günstigen Bedingungen, wie sie zum Beispiel in Höhlen vorliegen, bleiben harte Teile wie Knochen und Zähne als Fossilien erhalten.

In Höhlen befinden sich auf engem Raum vielfach Tierreste, die im Laufe von Jahrtausenden angehäuft wurden. Die große Zahl von Höhlenbärenknochen in Höhlen ist aber keineswegs auf Massensterben dieser Tiere, Leben in großen Herden, Epidemien oder Abschlachten in Scharen durch Steinzeitmenschen zurückzuführen. Selbst wenn nur etwa alle zehn Jahre ein Höhlenbär starb, so summierte sich dies innerhalb von 1000 Jahren bereits auf rund 100 tote Tiere oder innerhalb von 10.000 Jahren sogar auf ungefähr 1000 tote Tiere. Die Fundlage der Höhlenbären ist häufig nicht mit derem eigentlichen Sterbeort identisch, weil ihre Reste durch andere Höhlenbären zerstreut, durch Raubtiere angefressen, durch Wasser transportiert oder in Ablagerungen eingebettet wurden.

Der aus Ton und Mergel bestehende Höhlenboden bietet besonders gute Bedingungen für die Konservierung der Höhlenbärenknochen, die oft von einer mehr oder weniger dicken Kalkschicht überzogen sind. In großen und tiefen Höhlen konnte kalte Luft nicht durchziehen und blieb die Feuchtigkeit gering. Dort lebten im Winter im Laufe der Zeit einige hundert Generationen von Höhlenbären. Die Knochen der verendeten Höhlenbären bedeckten den Höhlenboden und wurden von herumgehenden Bären zerdrückt und verschoben. In Nischen

In der Drachenhöhle bei Mixnitz in der Steiermark
lagen Reste zahlreicher Höhlenbären. Diese Zeichnung entstand 1747.

und Winkeln häuften sich Zähne, Knochen und Knochentrümmer an und wurden teilweise von herabfallendem Gestein des Höhlendaches zugeschüttet.

In engen Höhlendurchgängen entstanden durch ständige Bewegung der Knochen auf dem Boden, die man als trockene Scheuerung oder „charriage à sec" bezeichnet, häufig rätselhafte abgeschliffene Gebilde. Letztere wurden irrtümlicherweise oft als vom Menschen bearbeitete Höhlenbärenknochen betrachtet.

Zu den ersten Erforschern von Höhlen, die auf die natürliche Abscheuerung von Knochen durch Bären hingewiesen haben, zählte der schweizerische Augenarzt und Höhlenforscher Frédéric-Édouard Koby (1890–1969) aus Basel. Er wies auch nach, dass angebliche Werkzeuge prähistorischer Menschen (so genannte Pseudoartefakte) auch in Höhlen – wie im Zahnloch – vorkamen, aus denen keine Spuren von Menschen vorliegen.

Im Laufe der Zeit häuften sich in Höhlen wahre Berge von Höhlenbärenfossilien an, weil alte, kranke und junge Tiere in den langen Wintern starben, wenn sie geschwächt waren oder sich im Herbst keine großen Fettpolster als Nahrungsreserven hatten zulegen können. Und mancher Höhlenbär erstickte vielleicht – nach einer bisher unbestätigten Theorie – in seiner eigenen verbrauchten Atemluft, wenn die Sauerstoffzufuhr im Winterquartier nicht ausreichte.

Katastrophen wie Einsturz von Höhlendecken, Überschwemmungen oder Seuchen spielten bei der Anhäufung von Höhlenbärenknochen keine Rolle. Der Knochenreichtum ist vielmehr allein das Ergebnis der langen Besiedlungsdauer der Höhlen. In den im Laufe von rund 6000 Jahren entstandenen Ablagerungen der Sybillenhöhle auf der Teck (Schwäbische Alb) zum Beispiel entdeckte man Reste von rund 100 Höhlenbären. Dies deutet darauf hin, dass dort im Durchschnitt nur alle 60 Jahre ein Höhlenbär starb.

In der Drachenhöhle bei Mixnitz in der Steiermark kam auf drei Männchen nur ein Weibchen. Dies muss allerdings keinesfalls bedeuten, dass es damals mehr Bären als Bärinnen gab, sondern

*Tschechischer Arzt,
Archäologe und Speläologe
Jindrich (Heinrich) Wankel
(1821–1897)*

könnte daher kommen, dass die Weibchen mit ihren Jungen oft kleinere ungestörte Höhlen aufsuchten.

In Höhlen mit Tierresten aus dem Eiszeitalter erreichte der Anteil von Höhlenbärenknochen oft bis zu 90 Prozent. Dies ist der Grund dafür, dass zahlreiche Höhlen als Bärenhöhle oder als Bärenloch bezeichnet werden. In der Höhle von Sloup (Tschechien) zum Beispiel fand man – laut einer Statistik des tschechischen Arztes, Archäologen und Speläologen Jindrich (Heinrich) Wankel (1821–1897) – Reste von insgesamt 988 Höhlenbären, neun Hyänen, zwei Höhlenlöwen und von einem Vielfraß.

Fußabdruck eines heutigen Braunbären (Ursus arctos) in Kamchatka

Bärenschliff in der Charlottenhöhle bei Giengen (Schwäbische Alb)

60

Trittsiegel, Bärenschliffe, Schlafkuhlen und Kratzspuren

Im Vergleich mit den zahlreichen Funden von Zähnen und Knochen sind Fußabdrücke des Höhlenbären in Höhlen seltene Entdeckungen. Solche Trittsiegel blieben nur unter günstigen Bedingungen bis heute erhalten. Das war zum Beispiel der Fall, wenn sie versinterten. Als Sinter bezeichnet man eine Mineralablagerung, die in warmen und gemäßigten Klimaphasen des Eiszeitalters (etwa 2,6 Millionen bis 11.700 Jahre) entstanden ist.

Die wenigen aus Höhlen bekannten Fußabdrücke verraten zum Beispiel, dass die Vorderpfoten bei jedem Schritt bis zu 20 Zentimeter breite Eindrücke in weichem Boden hinterließen. Die Schrittlänge betrug zwischen 80 Zentimeter und 1,10 Meter. Zu den Fundorten mit Trittsiegeln des Höhlenbären gehört eine Höhle bei Bruniquel (Departement Tarn-et-Garonne) in Frankreich. Dort sind deutlich der gut 20 Zentimeter breite Abdruck des Hauptballens und davor die Vertiefungen der Zehenballen zu sehen. Die langen Krallen hinterließen besonders tiefe Eindrücke.

Wenn Höhlenbären sich immer wieder an denselben Stellen einer Felswand oder einer Tropfsteinpartie rieben, haben sie mit ihrem Fell den Stein allmählich geglättet, ja regelrecht poliert. Bei diesen Aktivitäten sonderten sie Duftstoffe ab, die es ihnen erleichterten, sich in der Dunkelheit einer Höhle zu orientieren. Derartige Bärenschliffe findet man nicht nur an Engstellen, durch die sich Höhlenbären zwängten, sondern auch in geräumigeren Gängen und großen Hallen, wo die Duftmarken den Weg durch die Höhle wiesen. Solche Bärenschliffe sind dem Arzt und Naturforscher Georg August Goldfuß (1782–1848) schon 1823 aufgefallen. Den Begriff „Bärenschliff" hat 1826 der Mineraloge und Geologe Johann August Nöggerath (1788–1877) aus Bonn

*Paläontologe Wilfried Rosendahl aus Mannheim
in der Doktorshöhle (Fränkische Alb) in Bayern*

*Mineraloge und Geologe
Johann August Nöggerath (1788–1877) aus Bonn*

62

in die Literatur eingeführt. Er hatte 1823 Bärenschliffe in der
„Alten Höhle" bei Hemer-Sundwig im Sauerland vorgefunden.
Die Paläontologen Wilfried Rosendahl aus Mannheim und Doris
Döppes aus Darmstadt erwähnten 2006 in ihrer Arbeit „Trace
fossils from bears in caves of Germana and Austria" 19 Höhlen
mit Bärenschliffen in Deutschland und fünf Höhlen mit Bärenschliffen in Österreich. In Deutschland kennt man solche
Höhlen vor allem aus Baden-Württemberg und Bayern (haupt-
sächlich Fränkische Alb).

Höhlen mit Bärenschliffen in Deutschland:
Baden-Württemberg: Vogelherd bei Stetten im Lonetal,
Bärenhöhle im Hohlenstein (Schwäbische Alb,) Charlottenhöhle
bei Giengen (Schwäbische Alb), Hohle Fels bei Schelklingen im
Aachtal, Kleine Scheuer bei Heubach im Rosenstein, Bären- und
Karlshöhle bei Sonnenbühl-Erpfingen (Schwäbische Alb)
Bayern: Großes Schulerloch bei Essing im Altmühltal, Zahnloch
bei Steifling unweit von Pottenstein (Fränkische Alb), Großes
Rohrnloch bei Viehofen (Fränkische Alb), Großes Teufelsloch
bei Krögelstein unweit von Bamberg (Fränkische Alb), Kleines
Höhlloch bei St. Wolfgang (Fränkische Alb), Große Kuh-
steinhöhle bei Gößmannsberg im Aufseßtal (Fränkische Alb),
Geisloch bei Oberfellendorf (Fränkische Alb), Breitenwinner
Höhle bei Hohenfels (Fränkische Alb), Obere Höhle bei Draisen-
dorf (Fränkische Alb), Petershöhle bei Velden (Fränkische Alb),
Osterloch bei Hegendorf und Bodenberghöhle bei Neutras
Nordrhein-Westfalen: Perick-Höhlen von Hemer-Sundwig im
Sauerland.

Höhlen mit Bärenschliffen in Österreich:
Steiermark: Drachenhöhle bei Mixnitz im Murtal, Bockhöhle
bei Peggau im Murtal, Schottloch bei Liezen im Dachsteinmassiv,
Bärenhöhle bei Hieflau im Hartelsgraben, Arzberghöhle bei
Wildalpen und Fachwerk

Der Heimatforscher,
Lehrer und Museumsleiter
Emil Bächler (1868–1950)
aus St. Gallen
schrieb Bärenschliffe
im Wildenmannisloch
irrtümlich Urmenschen zu.

Bärenschliffe kennt man auch in Höhlen der Schweiz: nämlich Saint Brais im Berner Jura (Kanton Bern), im Schnurenloch bei Thun im Simmental (Kanton Bern) und im Wildenmannisloch am Nordhang des Seluns, einem der sieben Churfirsten (Kanton St. Gallen). Die Bärenschliffe im Wildenmannisloch wurden von dem Heimatforscher, Lehrer und Museumsleiter Emil Bächler (1868–1950) aus St. Gallen, einem der Pioniere bei der Erforschung der Altsteinzeit in der Schweiz, irrtümlicherweise Steinzeitmenschen zugeschrieben.

Auf nicht zu harten Wänden von Höhlen sind gelegentlich Kratzspuren von Höhlenbären sichtbar. Auf der rauen Oberfläche der Höhlenwand schärften Höhlenbären ihre Krallen, was auch andere Raubtiere und heutige Hauskatzen praktizieren. Es heißt auch, Höhlenbären hätten sich an den Wänden aufgerichtet und mit den Tatzen untersucht, ob ein Weg nach oben führt.

Tiefer gelegene Kratzspuren dürften von Weibchen und von Jungtieren stammen, weiter oben befindliche von größeren männlichen Höhlenbären oder Braunbären. Die dicksten und kräftigsten Kratzfurchen sind vermutlich das Werk von männlichen Höhlenbären.

Kratzspuren von Höhlenbären blieben nur dann erhalten, wenn das Kratzen im weichen so genannten Bergmilch-Überzug erfolgte. Als Bergmilch (Montmilch) bezeichnet man eine Sonderform des Kalksinters. In einer wässrigen Matrix werden kleinste Kalzitkristalle ausgeschieden, wobei ein strahlend weißer, cremeartiger Überzug an den Wänden oder am Boden entsteht. Sobald das Wasser verdunstet, verhärtet sich die Bergmilch zu Bergkreide oder zu hartem Sinter, der die Kratzspuren konserviert.

Zu den Höhlen mit Kratzspuren von Höhlenbären gehören die Bären- und Karlshöhle bei Sonnenbühl-Erpfingen auf der Schwäbischen Alb (Baden-Württemberg) und die Neue Laubenstein-Bärenhöhle in den Chiemgauer Alpen (Bayern) sowie die Drachenhöhle bei Mixnitz in der Steiermark. In der Drachenhöhle befinden sich die Kratzspuren auf der „Fährtenwand".

In manchen deutschen und südfranzösischen Höhlen fand man auffällige Kuhlen im Lehmboden, die vielleicht von Bären gegraben und als Schlafmulden genutzt wurden. Sie haben eine elliptische Form, einen Durchmesser bis zu drei Metern und eine Tiefe bis zu einigen Dezimetern. Die vor sich hin dämmernden Bären haben sich womöglich immer wieder gewendet und die Mulden auf diese Weise ausgeformt. Derartige Kuhlen kennt man in der Neuen Laubenstein-Bärenhöhle in den Chiemgauer Alpen, in der Jubiläumshöhle im Püttlachtal (Fränkische Alb) und in der Große Klingersberg-Höhle bei Berghausen (Fränkische Alb), alle in Bayern gelegen.

Durch Kot lebender Höhlenbären und Verwesung toter Tiere wurden im Boden von Höhlen reichlich Phosphate – und zwar vor allem Kalziumphosphate – angereichert. Eines dieser Kalziumphosphate ist das Kollophan, das vor allem bei der Untersuchung der Drachenhöhle bei Mixnitz in der Steiermark untersucht worden ist. In der Drachenhöhle betrug der Phosphatgehalt ca. 45 bis 55 Prozent, im Wildkirchli (Kanton Appenzell in der Schweiz) 40 bis 46 Prozent und in der Höhle von Cotencher (Kanton Neuenburg in der Schweiz) 26 Prozent. Experten haben errechnet, dass beim Verwesen des Körpers eines Höhlenbären etwa 10 bis 17 Kilogramm Phosphat entstehen können.

In der Drachenhöhle bei Mixnitz wurden die Phosphatböden zwecks Gewinnung von Dünger bergmännisch abgebaut. Dabei stieß man auf schwarz gefärbte Stellen, die man anfangs als Feuerstellen von Steinzeitmenschen deutete. Bei der chemischen Untersuchung dieser schwarzen Substanz namens Scharizerit stellte man einen hohen Gehalt an Stickstoff fest. Man erkannte, dass es sich um eine Ablagerung organischer Stoffe handelte, die auf Kot lebender und Verwesung toter Höhlenbären basiert. Als Fossilien überlieferten Kot von Höhlenbären hat man in Höhlen nicht entdeckt. Solche so genannten Koprolithen (griechisch: kopros = Mist, lithos = Stein) bzw. Kotsteine kann man bei einem Pflanzenfresser wie dem Höhlenbär auch nicht erwarten. Denn es werden nur solche Exkremente fossil überliefert, die reichlich mineralische Bestandteile – wie Kalk oder Phosphat – enthalten. Koprolithen kennt man vor allem von Raubtieren wie zum Beispiel Höhlenhyänen *(Crocuta crocuta spelaea)*, die unverdauliche Skelettsubstanzen ausscheiden.

*Wissenschaftliche Grabung in der Steinberg-Höhlenruine
oberhalb Hunas bei Hartmannshof in Mittelfranken (Bayern),
einem bedeutenden Fundort von Höhlenbären*

Wissenschaftliche Grabungen

Im Idealfall werden Reste von Höhlenbären in Höhlen durch Paläontologen bei wissenschaftlichen Grabungen geborgen. „Dies ist alles andere als Schatzgräberei", schrieben Jürg Paul Müller und Rico Stecher in ihrer Publikation „Der Höhlenbär in den Alpen" (1996). Müller ist Direktor des Bündner Naturmuseums in Chur, Stecher ist Sekundarlehrer und Hobbyarchäologe aus Chur.

Bei einer wissenschaftlichen Grabung misst man zunächst den Grabungsplatz genau ein und legt eine Art Gitternetz mit Quadraten von einem Meter Seitenlänge darüber, damit alle Funde exakt lokalisiert werden können. Das Material trägt man in Schichten von etwa zehn Zentimeter sorgfältig ab. Wichtige Funde und Ereignisse werden im Grabungsbuch festgehalten. Von den angeschnittenen Ablagerungen zeichnet man Profile, die Auskunft über die Lage der Objekte zueinander und ihre Einbettungsart geben.

Nach der Bergung werden die Funde in den Labors der Museen oder Universitätsinstitute gründlich gereinigt und konserviert, um sie vor Zerfall zu bewahren. Erst nach professioneller Bergung und Präparation beginnt die wissenschaftliche Untersuchung der Funde. Von der Bergung bis zur Publikation vergehen oft etliche Jahre.

Oft wurden und werden Reste von Höhlenbären aber von Laien entdeckt und geborgen, was meistens mit gewissen Risiken verbunden ist. Nur sehr selten werden in solchen Fällen aufschlussreiche Fotos und Skizzen über die ursprüngliche Lage der Objekte angefertigt, was die Interpretion der Funde sehr erschwert. Es besteht auch die Gefahr, dass Fossilien unter verschiedene Privatleute aufgeteilt und somit in alle Winde zerstreut werden. Meistens unterbleibt zudem die fachgerechte Konservierung der Fossilien.

Man darf aber nicht verschweigen, dass es sehr professionell
arbeitende private Fossiliensammler gibt, denen die Wissenschaft
die Entdeckung und Kenntnis wichtiger Fundstellen und Funde
zu verdanken hat.

Eingang zur Zoolithenhöhle oder Gaillenreuther Höhle
von Burggaillenreuth bei Muggendorf
in der Fränkischen Alb bzw. Fränkischen Schweiz (Bayern).
In dieser Höhle lagen Reste von schätzungsweise 800
oder sogar von 1000 Höhlenbären.

*Der Pfarrer Johann Friedrich Esper (1732–1781)
aus Uttenreuth bei Erlangen bezeichnete die Zoolithenhöhle
von Burggaillenreuth als „Kirchhof unter der Erde".*

*Funde von Höhlenbären wurden früher oft als Reste
von Drachen, Riesen oder Einhörnern fehlgedeutet.*

73

Der Arzt und Naturforscher
Georg August Goldfuß (1782–1848)
beschrieb nach Funden
aus der Zoolithenhöhle von Burggaillenreuth
den Höhlenlöwen (Panthera leo spelaea)
und die Höhlenhyäne
(Crocuta crocuta spelaea).

Die Zoolithenhöhle
von Burggaillenreuth

Die Zoolithenhöhle von Burggaillenreuth bei Muggendorf in
der Fränkischen Alb (Bayern) wurde durch Unmengen fossiler
Tierknochen aus dem Eiszeitalter berühmt. Dort fand man Reste
von schätzungsweise 800 oder sogar von 1000 Höhlenbären,
aber auch von zahlreichen Höhlenhyänen *(Crocuta crocuta spelaea)*
und ungewöhnlich vielen Höhlenlöwen *(Panthera leo spelaea)*.
Dieser Fundreichtum bewog den evangelischen Pfarrer Johann
Friedrich Esper (1732–1781) aus Uttenreuth bei Erlangen, der
1771 seine erste Erkundungsreise in die geheimnisvolle Unterwelt
unternommen hatte, die Höhle als „Kirchhof unter der Erde"
zu bezeichnen. 1774 deutete Esper fälschlicherweise Höhlenbärenfunde aus der Zoolithenhöhle als Eisbärenreste.
Bei frühen Höhlenerkundungen im 15., 16. und 17. Jahrhundert
wurden Reste von Höhlenbären oft fehlgedeutet. Man hielt sie
für Reste von Fabeltieren wie Einhörner („unicornu fossile")
oder Drachen oder sogar von Riesen. Daran erinnern die Namen
der Drachenhöhle bei Mixnitz (Österreich), des Drachenloch
bei Vättis (Schweiz) oder der Einhornhöhle bei Herzberg-
Scharzfeld (Deutschland). Zu Pulver zerstoßene Eckzähne von
Höhlenbären galten – ebenso wie die angeblichen Hörner des
Einhorns – als Heilmittel gegen fast alle Krankheiten. Erst im
18. Jahrhundert setzte sich dank fortgeschrittener anatomischer
Erkenntnisse allmählich die Erkenntnis durch, dass es sich um
Überbleibsel von sehr großen Bären handelte, die sich vom
Braunbären und anderen heutigen Bärenarten unterscheiden.
In den Annalen der Paläontologie, der Lehre vom Leben in der
Urzeit, spielt die Zoolithenhöhle von Burggaillenreuth eine
wichtige Rolle. Aus ihr stammen auch die Schädel, nach denen
der in Erlangen und Bonn arbeitende Arzt und Naturforscher
Georg August Goldfuß (1782–1848) im Jahre 1810 den Höh-

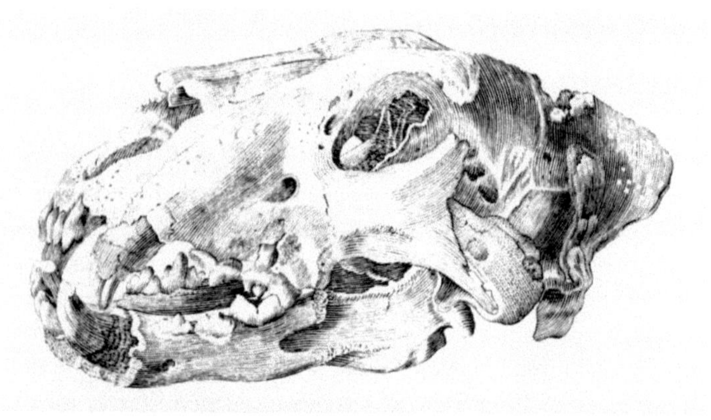

Zeichnung des Originalfundes
aus der Zoolithenhöhle
von Burggaillenreuth bei Muggendorf
in der Fränkischen Alb (Bayern),
nach dem der Europäische Höhlenlöwe
(Panthera leo spelaea)
1810 erstmals beschrieben worden ist.
Dieser so genannte Holotyp
wird im Museum für Naturkunde Berlin
der Humboldt-Universität aufbewahrt.

lenlöwen und 1823 die Höhlenhyäne erstmals wissenschaftlich beschrieben hat.

Noch heute ist der so genannte Holotyp, nach dem der Höhlenlöwe erstmals beschrieben worden ist, im Museum für Naturkunde Berlin der Humboldt-Universität vorhanden. Dabei handelt es sich um den 40,2 Zentimeter langen Schädel eines Höhlenlöwen, der – nach Erkenntnissen des Paläontologen Cajus Diedrich aus Halle/Westfalen – aus Teilen von mindestens zwei Tieren zusammengesetzt ist. Der Holotyp, nach dem die Erstbeschreibung der Höhlenhyäne erfolgte, nämlich ein fragmentarisch erhaltener Schädel, wird im Goldfuß-Museum der Rheinischen Friedrich Wilhelms-Universität Bonn aufbewahrt. Die Zoolithenhöhle von Burggaillenreuth befindet sich in der höhlenreichen Fränkischen Alb, auch Frankenalb oder Fränkischer Jura genannt. Früher hat man den Namen Alb vom lateinischen Begriff „montes albi" (die weißen Berge) hergeleitet. Heute hält man es für wahrscheinlicher, dass dieser Ausdruck eine alte keltische Bezeichnung für Gebirgsweide ist. Im Zentrum der nördlichen Fränkischen Alb befindet sich die so genannte Fränkische Schweiz, in der die Zoolithenhöhle liegt. Wegen der Fränkischen Alb gehört Bayern zu den Regionen in Deutschland mit den meisten Funden von Höhlenbären. So ist es kein Wunder, dass der Höhlenbär forschungsgeschichtlich ein „bayerisches Kind" ist.

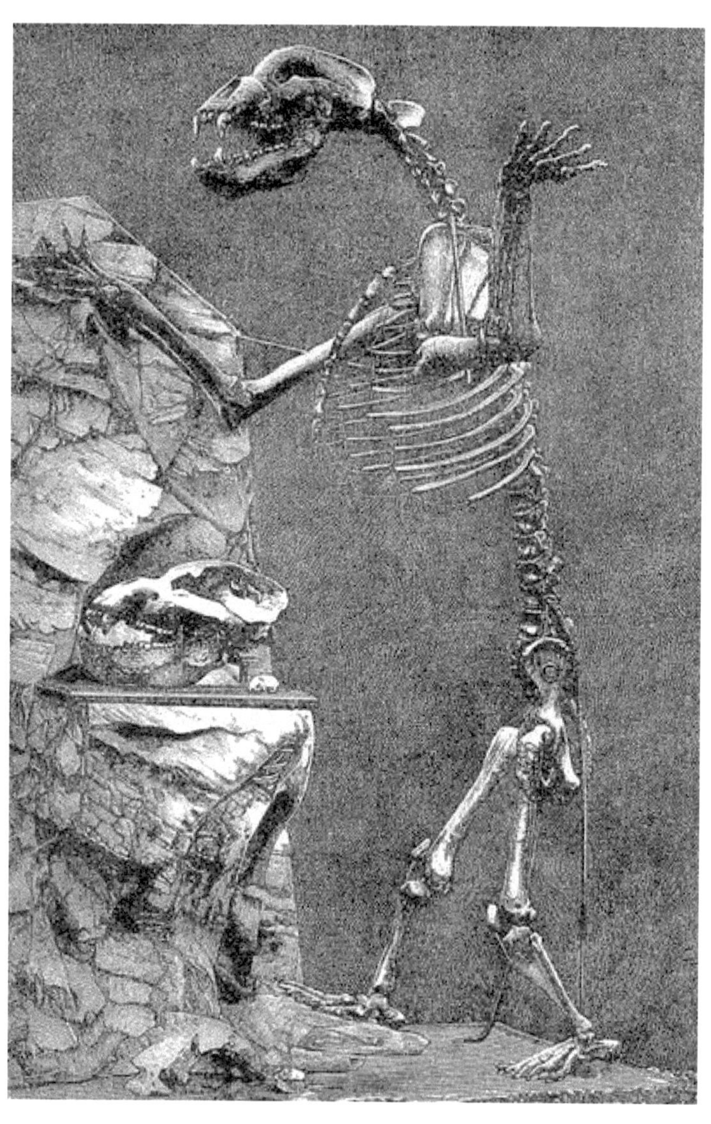

*Aufrecht stehendes Skelett eines Höhlenbären (Ursus spelaeus)
im Wiener Hofmuseum*

Der Höhlenbär
lebte nicht nur in Höhlen

Die meisten Höhlenbärenknochen sind in Höhlen oder seltener in Felsspalten, bei denen es sich möglicherweise um Relikte früherer Höhlen handelt, gefunden worden. Spärlicher kamen solche Knochen auch anderswo, beispielsweise in Flussschottern, zum Vorschein. Trotzdem hat der Höhlenbär sein Leben nicht ausschließlich in Höhlen verbracht.

„Der Höhlenbär war ebenso wie der Höhlenlöwe und die Höhlenhyäne kein nur im Dunkel unterirdischer Verstecke lebendes Tier, wie der Name vermuten lassen könnte", schrieb der Wiesbadener Wissenschaftsautor Ernst Probst in seinem Buch „Deutschland in der Urzeit" (1986). Höhlen dienten dem Höhlenbären vor allem als Winterschlafplatz, Wurfplatz und Sterbelager. In der warmen Jahreszeit suchte der Höhlenbär bei Tageslicht im Freien nach Kräutern, Beeren und anderen Früchten und verschmähte auch kleine Säugetiere nicht, deren er habhaft werden konnte.

Die flachen und vielhöckrigen Backenzähne des Höhlenbären deuten darauf hin, dass er fast ausschließlich vegetarisch gelebt hat. Diese Annahme wird durch Erkenntnisse gestützt, die Wissenschaftler bei der Untersuchung von Bärenkot in der Salzofenhöhle bei Grundlsee im Toten Gebirge in Österreich gewannen. Demnach fraßen diese Bären Gräser und Wiesenpflanzen. Pollen bestimmter Pflanzenarten belegten sogar, dass die Höhlenbären auch den Honig wilder Bienen zu schätzen wussten.

Was die Paläontologen zunächst verblüffte, waren die riesigen Knochenansammlungen von Höhlenbären, die man in zahlreichen Höhlen fand. So wurden in der Drachenhöhle bei Mixnitz an der Mur in der Steiermark etwa 200 Tonnen Höhlenbärenknochen, die Überreste von mindestens 30.000 Individuen,

Bild auf Seite 81:

*Zeichnung der Dechenhöhle bei Iserlohn-Letmathe im Sauerland
(Nordrhein-Westfalen) mit dem Titel
„Die große Höhle an der Grüne bei Iserlohn" von C. Hoff.
1869 veröffentlicht in der „Gartenlaube".*

Bild auf Seite 80:

*Zeichnung der Dechenhöhle mit dem Titel „Die neuentdeckte Höhle
bei Iserlohn an der Ruhr-Sieg-Bahn" von F. Ludwig. 1869 abgedruckt
in „Ueber Land und Meer. Allgemeine Illustrierte Zeitung".*

geborgen und von Wissenschaftlern der Universität Wien untersucht. Den durch die Knochen und Fledermausexkremente stark phosphorisierten Höhlenlehm baute man zu Düngezwecken ab.

Auch in Deutschland gibt es zahlreiche Fundorte von Höhlenbären. Solche Reste wurden in Höhlen der Schwäbischen Alb, der Fränkischen Alb (Fränkische Schweiz), des Sauerlandes, des Bergischen Landes, des Lahn-Dill-Gebietes, der Eifel und des Harzes bekannt. Die nördlichsten Vorkommen des Höhlenbären befinden sich – nach Angaben des Paläontologen Ralf Nielbock aus Osterode – im Gipskarst des Harz.

Bereits 1774 wurden in der Zoolithenhöhle von Burggaillenreuth bei Muggendorf (Fränkische Alb) neben Vielfraß- und Menschenknochen auch Höhlenbärenskelette geborgen, die an Museen in aller Welt abgegeben wurden. In einem erst 1971 entdeckten Teil der Zoolithenhöhle fand man weitere unzählige Höhlenbärenknochen. Die in der Petershöhle bei Velden nahe Hersbruck (Fränkische Alb) überlieferten Höhlenbärenüberreste dürften von schätzungsweise 1500 bis 2000 Tieren stammen.

Weil es im kalten Winter nur wenig pflanzliche Nahrung gab, mussten die Höhlenbären schützende Höhlen aufsuchen, in denen zwar gleich bleibende niedrige, aber merklich über dem Gefrierpunkt liegende Temperaturen herrschten. Trächtige Weibchen brachten während der Winterruhe ihre Jungen zur Welt. Dank der im Herbst gespeicherten Fettreserven konnten sie ihren Nachwuchs in den ersten Wochen säugen.

Auffallend ist die ungemein große Verschiedenartigkeit der Maße (Länge, Breite, Dicke) und der Formen von Knochen und Zähnen einer Fundschicht. Sie deutet darauf hin, dass die Individuen im Gegensatz zu denen der meisten anderen Arten sehr lokal gebunden waren und die Bestände untereinander wenig Kontakt hatten.

Erklärbar werden die zahlreichen Funde von Höhlenbärenknochen dadurch, dass die Höhlen von den Bären viele Jahrtausende lang immer wieder im Winter bewohnt wurden. Wenn zum Beispiel innerhalb von 10.000 Jahren im Durchschnitt alle zehn Jahre ein Höhlenbär in einer bestimmten Höhle starb, hätte man nach Ablauf dieser Zeitspanne rund 1.000 Skelette mit insgesamt mehr als 300.000 Einzelknochen finden müssen.

Reste von Höhlenbären sind in Deutschland auch aus dem Freiland bekannt, wo sich keine Höhlen befinden. Dem Paläontologen Wilfried Rosendahl aus Mannheim zum Beispiel liegen zahlreiche Funde von Höhlenbären aus Kiesgruben des Oberrheingebietes vor, die er wissenschaftlich untersucht.

Der finnische Paläontologe Björn Kurtén (1924–1988)
erwähnte in seinem Werk „Cave bear story" (1975)
drei Fundorte von Höhlenbären (Ursus spelaeus) in Südengland.
Kurtén hat sich um die Erforschung
fossiler Raubtiere verdient gemacht.
Er unternahm ungewöhnliche Experimente
und verfasste phantasievolle Bücher.

Das Verbreitungsgebiet
des Höhlenbären

Der Höhlenbär *(Ursus spelaeus)* ist eine Säugetierart, die ausschließlich in Europa vorkam. Genauer gesagt existierte er in West-, Süd-, Mittel- und Osteuropa, aber nicht in Nordeuropa. Nach den Funden zu schließen, lebten Höhlenbären im nördlichen Spanien, in Frankreich, in Belgien, in Südholland, vielleicht im südlichen Teil Englands, in Deutschland, in der Schweiz, in Österreich, in Italien, in Tschechien, in Slowenien, in Polen, auf dem Balkan und im Kaukasus.

Das Vorkommen des Höhlenbären in England ist umstritten. Der finnische Paläontologe Björn Kurtén (1924–1988) zum Beispiel erwähnte in seinem Werk „Cave bear story" (1975) drei Höhlenbärenfundorte in Südengland. Dagegen meinte der tschechische Paläontologe Rudolf Musil aus Brünn (Brno) in seinem dreibändigen Werk „*Ursus spelaeus.* Der Höhlenbär" (1980/81), alle fossilen Bärenfunde aus England stammten entweder vom Mosbacher Bären *(Ursus deningeri)*, der dort auch als *Ursus savini* bezeichnet wird, oder vom Braunbär *(Ursus arctos)*.

Der Höhlenbär war nur bis zur nördlichen Grenze laubtragender Bäume verbreitet. Laut Online-Lexikon „Wikipedia" bevorzugte er baumarme Bergregionen und andere baumlose Landschaften wie lichte Wälder und leicht bewaldete Flusstäler. In einem Tundren- oder Kaltsteppenbiotop hätte er wohl nicht genug pflanzliche Nahrung gefunden. Aus diesem Grund soll zum Beispiel die Mammutsteppe, die sich in der Würm-Eiszeit (etwa 115.000 bis 11.700 Jahre) im Nordseegebiet erstreckte, kein geeigneter Lebensraum für den Höhlenbären gewesen sein. Dagegen fühlten sich in diesem „Nordseeland" das Mammut, das Wildpferd, der Bison, der Höhlenlöwe und die Säbelzahnkatze *Homotherium latidens* wohl. Bärenfossilien auf dem

*Dick Mol aus Hoofddorp
in den Niederlanden,
renommierter Experte
für fossile Säugetiere
aus dem Eiszeitalter
(vor allem vom Mammut),
mit einem Fund
vom Grund der Nordsee.
Im Nordseegebiet („Nordseeland")
erstreckte sich in der Würm-Eiszeit
(etwa 115.000 bis 11.500 Jahre)
eine Steppe,
in der sich Mammut,
Wildpferd, Bison, Höhlenlöwe
und Säbelzahnkatze
wohl fühlten.*

Grund der Nordsee stammen wohl von Braunbären, meinen manche Experten, andere dagegen halten diese Funde für Höhlenbären.

In Nordeuropa gab es zu Lebzeiten der Höhlenbären kaum Höhlen, in denen diese Raubtiere überwintern hätten können. Selbst wenn Höhlenbären in Nordeuropa vorgekommen wären, hätte man ihre fossilen Reste nicht finden können. Denn dort haben während der letzten Eiszeit die Eismassen von Gletschern vor etwa 20.000 bis 13.000 Jahren etwaige Fundstellen von Tieren jener Zeit vernichtet.

Die nördlichsten und östlichsten Fundorte des Höhlenbären kennt man aus dem Nordural. Dazu gehört die Höhle Medvezja. Als westlichster Fundort gilt die Höhle von Eirós bei La Coruna in Spanien. Südlich des 40. Grades nördlicher Breite liegen bisher keine Funde von Höhlenbären vor.

Angebliche Funde von Höhlenbären aus Afrika (Marokko und Tunesien) stammen in Wirklichkeit von großwüchsigen Braunbären. Vermeintliche Fossilien vom Höhlenbären aus dem zu Russland und China gehörenden Tienschangebirge konnten später als Mosbacher Bären identifiziert werden.

*Zu den am höchsten gelegenen Fundorten
von Höhlenbären in der Schweiz
gehört die Wildkirchli-Höhle
im Ebenalpstock des Säntisgebirges
(Kanton Appenzell).
Diese in etwa 1500 Meter Höhe
befindliche Höhle
diente abwechselnd
Höhlenbären und Neandertalern
als Unterschlupf.*

Fundorte in großer Höhe

Im Alpengebiet lebten neben Höhlenbären normaler Größe in Höhlen, die teilweise in mehr als 1600 Meter Höhe liegen, auch hochalpine Kleinformen. Als höchster Fundort von Höhlenbären gilt die in rund 2800 Meter Höhe befindliche Conturineshöhle bei Sankt Kassian (San Ciascian) in den Dolomiten (Südtirol, Italien), zu der sich auch Höhlenlöwen vorgewagt haben.

Die rund 200 Meter lange Conturineshöhle wurde am 23. September 1987 von dem Hotelier, Bergsteiger und Fossiliensammler Willy Costamoling aus Corvara bei der Suche nach Mineralien und Fossilien entdeckt. Leiter der wissenschaftlichen Grabungen von 1988 bis 2001 war der Wiener Paläontologe Gernot Rabeder. Die Conturineshöhle diente dem ladinischen Bären *(Ursus spelaeus ladinicus)*, einer kleinen Unterart des Höhlenbären, als bevorzugter Wohnort.

Wer den beschwerlichen Aufstieg zur Conturineshöhle unternimmt, wundert sich vielleicht, dass der Höhlenbär, der ein großer Pflanzenfresser war, in dieser kargen Höhenlage existieren konnte. Hierzu sagt Gernot Rabeder: „Das Vorkommen von Höhlenbären und Höhlenlöwen in einer Lage von 2800 Metern lässt sich nur so erklären, dass es in der Zeit zwischen etwa 55.000 und 40.000 Jahren wesentlich wärmer war als heute. Wir nennen diese Zeit Mittelwürm-Warmzeit oder Ramesch-Warmzeit, weil sie bei der Grabung in der Ramesch-Knochenhöhle zum ersten Mal erkannt worden ist".

Sicherlich gedieh im Umfeld der Conturineshöhle einst eine viel üppigere Pflanzenwelt als heute. Experten halten es für unwahrscheinlich, dass Höhlenbären regelmäßig große Höhenunterschiede bewältigten, um von den Futterplätzen zu den Wurf- und Aufzuchthöhlen hinaufzusteigen. Hinweise auf eine ehedem viel reichere Pflanzenwelt fand man im Höhlenlehm: nämlich Pollen von Pflanzenarten, die heute für Hochstaudenfluren typisch sind.

*Die Ramesch-Knochenhöhle
im Warscheneck (Oberösterreich)
liegt in etwa 1960 Meter Höhe.
Sie ist der Fundort
des kleinen Ramesch-Bären
(Ursus spelaeus eremus),
einer Unterart des Höhlenbären
(Ursus spelaeus),
die 2004 von dem
Wiener Paläontologen Gernot Rabeder
erstmals beschrieben wurde.
Auf obigem Foto befindet sich
die Ramesch-Knochenhöhle
in der rechten Bildhälfte
am oberen Ende
des dunklen Flecks.*

Erstaunlich viele hochgelegene Fundorte von Höhlenbären kennt man aus Österreich: Schreiberwandhöhle bei Gosau im Dachsteingebirge (Oberösterreich) in 2250 Meter Höhe, Äußere Hennekopfhöhle bei Saalfelden im Steinernen Meer (Salzburg) in 2070 Meter Höhe, Salzofenhöhle bei Grundlsee im Toten Gebirge (Steiermark) in 2005 Meter Höhe, Schottloch bei Liezen im Dachsteingebirge (Steiermark) in 1980 Meter Höhe, Ramesch-Knochenhöhle im Warscheneck (Oberösterreich) in 1960 Meter Höhe, Brieglersberghöhle bei Tauplitze im Toten Gebirge an der Landesgrenze von Oberösterreich und Steiermark in 1960 Meter Höhe, Brettsteinhöhle bei Bad Mitterndorf im Toten Gebirge (Steiermark) in 1660 Meter Höhe und Schlenkendurchgangshöhle bei Hallein in der Osterhorngruppe (Salzburg) in 1590 Meter Höhe.

In der Schweiz zählen das Drachenloch bei Vättis (Kanton St. Gallen) in 2475 Meter Höhe, die Sulzfluhhöhle im Rätikon (Kanton Graubünden) in 2300 Meter Höhe, das Ranggiloch im Simmental (Kanton Bern) in 1845 Meter Höhe, die Chilchlihöhle im Simmental (Kanton Bern) in 1810 Meter Höhe, das Wildenmannisloch im Churfirstengebiet (Kanton St. Gallen) in 1628 Meter Höhe und das Wildkirchli im Säntisgebirge (Kanton Appenzell) in 1486 Meter Höhe zu den höchsten Fundorten von Höhlenbären.

Aus Deutschland kennt man bisher nur eine einzige alpine Höhlenbärenhöhle. Dabei handelt es sich um die im November 1996 entdeckte Neue Laubenstein-Bärenhöhle nahe Frasdorf im Inntal in den Chiemgauer Alpen in Bayern. Diese befindet sich in rund 1300 Meter Höhe.

Weitere ungewöhnlich hoch liegende Fundorte von Höhlenbären sind die Höhlen Balme à Collomb bei Grenoble am Mont Granier in den Préalpes (Savoyen) in Frankreich in 1700 Meter Höhe sowie Potocka zijalka in den Karawanken in 1650 Meter Höhe und Mokriska jama in den Steiner Alpen in 1500 Meter Höhe, beide in Slowenien.

Die Höhle Wildenmannisloch
im Churfirstengebiet (Kanton Sankt Gallen) in der Schweiz
befindet sich in 1628 Meter Höhe.

Winterschlaf oder Winterruhe?

Der Höhlenbär suchte in der kalten Jahreszeit eine Höhle auf, in der er überwintern konnte. Dort fand er Schutz vor der Kälte und konnte seine Körpertemperatur aufrecht erhalten. Um Energie zu sparen, verfiel er vermutlich in einen Winterschlaf oder in eine Winterruhe und kam dank seiner in der warmen Jahreszeit gebildeten Fettreserven über den Winter.

In der kalten Jahreszeit stand dem Höhlenbären in freier Natur nicht mehr ausreichend Nahrung zur Verfügung. Er ernährte sich fast ausschließlich von bestimmten Pflanzen, die er im Winter nicht mehr vorfand, und war nicht mehr fähig, sich durch Jagd auf kleine oder große Säugetiere in der vegetationslosen Jahreszeit zu ernähren.

Die Experten sind sich uneinig darüber, ob Höhlenbären einen Winterschlaf mit stark absinkender Körpertemperatur oder lediglich eine Winterruhe gehalten haben. Beim echten Winterschlaf geht der Pulsschlag auf die Hälfte zurück, die Körpertemperatur reduziert sich von 37 auf 15 oder sogar auf nur 12 Grad Celisus.

Während des Winterschlafs essen und trinken Bären nichts und bauen ihre Fettreserven ab. Im Körper entstehender Harnstoff wird vom Bären für den Aufbau von Aminosäuren verwendet, die neue Proteine bilden. Beim Abbau solcher Proteine entsteht Glucose, die Energie spendet. Es werden weder Kot noch Urin ausgeschieden.

Experten gehen davon aus, dass sich im Winter selbst in einer großen Höhle nur wenige Höhlenbären gleichzeitig aufgehalten haben. Wenn ein Tier während der kalten Jahreszeit in einer Höhle an Altersschwäche, Krankheit oder bei der Geburt starb, verweste zwar sein Kadaver, aber sein Skelett blieb meistens an Ort und Stelle liegen und wurde zum Fossil.

Vielleicht haben sich Höhlenbären in höhlenfreien Gebieten wie heutige Braunbären eigenhändig Erdhöhlen als Winterquartier gegraben. Wo dies wegen des harten Bodens nicht möglich war, begnügten sie sich vielleicht ersatzweise mit einem umgestürzten oder hohlen Baum oder mit einem zusammengewehten Laubhaufen in einer Geländesenke als Unterschlupf.

Bei einer Winterruhe statt eines Winterschlafes in Höhlen wären die Höhlenbären leicht aufzuwecken gewesen. Während der Winterruhe gehen Herzschlag und Atemfrequenz stark zurück, aber die Körpertemperatur sinkt nur leicht von normalerweise 36,5 bis 38,5 Grad um 4 bis 5 Grad Celsius. Auch in der Winterruhe wird keine Nahrung aufgenommen und werden weder Kot noch Urin ausgeschieden. Beim Abbau von Fett gewinnt der Körper Wasser, um dessen gleichzeitigen Verlust durch Atmung und Körperausdünstung auszugleichen.

„In einen echten Winterschlaf durften die Höhlenbären allerdings nicht fallen, da die Weibchen während dieser Zeit trächtig waren und im Schutz der Höhle im Januar und Februar ihre Jungen zur Welt brachten", schrieben Brigitte Hilpert, Thomas Keller und Anne Sander 2008. Die Menge der als Fettreserve im Körper gespeicherten Energie war für das Überleben im Winter maßgeblich. Zu geringe Energiereserven führten unweigerlich zum Tod in der Höhle. Schwache, kranke und alte Bären sowie die gebärenden Weibchen und ihre Jungtiere waren besonders gefährdet

Bei heutigen Braunbären, die ähnliche Verhaltensweisen wie Höhlenbären hatten, beginnt die Winterruhe zwischen Oktober und Dezember und endet zwischen März und Mai. In warmen Gebieten halten Braunbären gar keine oder nur eine verkürzte Winterruhe.

Gut genährte Braunbären beginnen früher mit der Winterruhe Hungrige Braunbären dagegen suchen weiterhin Nahrung, bis sie von der Kälte in ihre Winterquartiere getrieben werden. Braunbärinnen verlieren wegen des höheren Energieaufwandes während der Trag- und Säugezeit mehr Gewicht (etwa 40 Prozent) als männliche Braunbären (rund 22 Prozent).

Spielende Braunbärenkinder

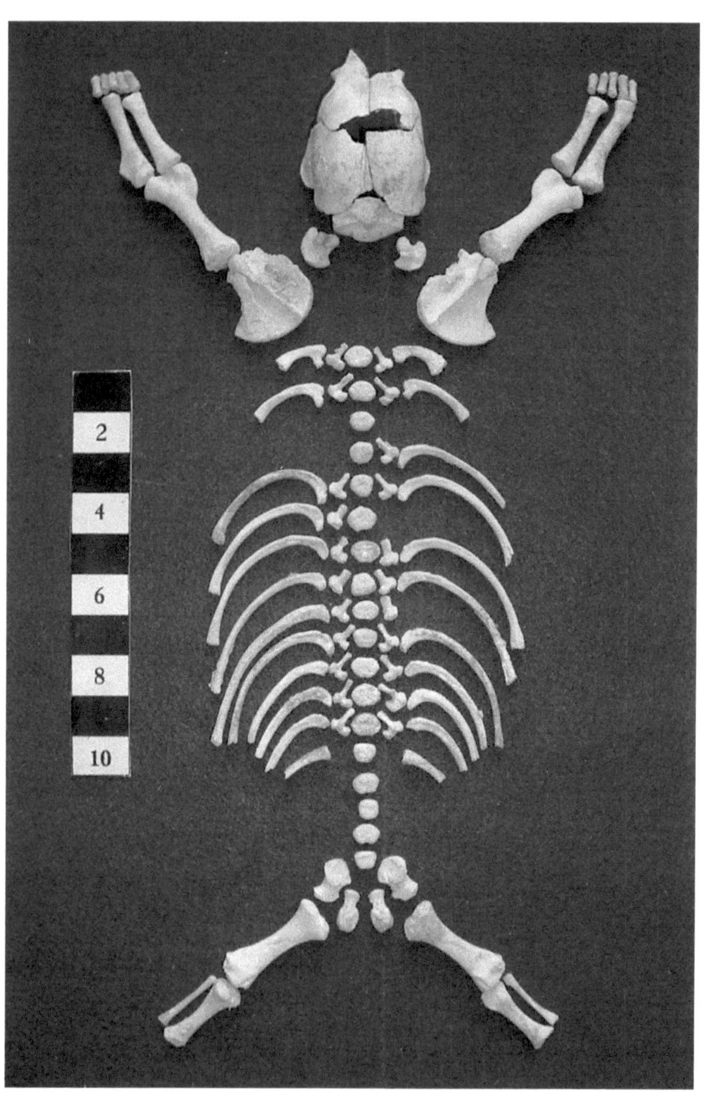

*Skelett eines Höhlenbärenbabys aus der Petershöhle bei Velden
in Mittelfranken (Bayern). Der Originalfund
wird im Naturhistorischen Museum Nürnberg aufbewahrt.*

96

Geburt im Winter

Im Winter brachten Höhlenbärinnen in Höhlen ihren Nachwuchs zur Welt. Laut Online-Lexikon „Wikipedia" lag das Geburtsgewicht der bis zu drei Babys zwischen 800 und 1000 Gramm. Ihre Gesamtlänge soll maximal gut 40 Zentimeter betragen haben. Nach anderen Angaben hatten die winzigen Neugeborenen lediglich die Größe einer Ratte und wogen mit ungefähr 500 Gramm nur ein Tausendstel eines erwachsenen Höhlenbären.

Vor der winterlichen Kälte wurde der zunächst nackte und blinde Nachwuchs durch das dicke Fell der Mutter geschützt. Die Bärin wärmte ihre Babys zwischen Bauch und Armen. Im Alter von etwa 30 Tagen öffneten die Babys erstmals die Augen. In den ersten Monaten wuchsen die Kleinen im Dunkel einer Höhle heran.

Der Winter war für Höhlenbärenmütter und ihre Babys die schlimmste Zeit des Jahres. Skelettreste von Höhlenbärenbabys verraten, dass Bärenkinder tot geboren wurden oder bereits nach wenigen Tagen bzw. Wochen starben. Skelette von Höhlenbärenbabys kennt man zum Beispiel aus der Salzofenhöhle bei Grundlsee im Toten Gebirge in der Steiermark (Österreich), aus der Conturineshöhle bei St. Kassian in Südtirol (Italien) sowie aus der Petershöhle bei Velden und der Dechenhöhle bei Iserlohn-Letmathe in Deutschland. Das Skelett des Höhlenbärenbabys aus der Königshalle der Dechenhöhle ist etwa 30 Zentimeter lang.

Weil sich die Höhlenbärinnen im Winter mehrere Monate lang nicht oder nur unzureichend ernähren konnten, mussten sie vom vorher gespeicherten Körperfett leben. Zudem galt es, ihre heranwachsenden Embryonen zu ernähren und die Babys nach der Geburt mit fettreicher Muttermilch zu versorgen.

Lange und harte Winter erwiesen sich auch für erwachsene Höhlenbären und Höhlenbärinnen als Krisenzeiten. Gar nicht

*Jungtiere von Braunbären besitzen einen rundlichen Schädel,
der erst im Wachstum die langgestreckte Form
des Erwachsenenschädels bekommt. Dieser Prozess kann sich
über das ganze Leben eines Braunbären dahinziehen.*

selten verendeten kranke, schwache und alte Tiere während ihres Winterschlafes.

Sobald der Schnee geschmolzen war und die ersten weichen Kräuter im Frühling aus dem aufgetauten Boden gesprossen sind, haben die Höhlenbären wieder reichlich Pflanzenfutter vorgefunden. In der warmen Jahreszeit mussten sie möglichst viel fressen und sich eine dicke Fettschicht für den nächsten Winter zulegen.

Dank der fettreichen Milch ihrer Mutter wuchsen die Jungtiere sehr schnell heran. Vermutlich wurden sie etwa vier Monate lang gesäugt. Beim Verlassen der Geburtshöhle im Frühjahr war der Nachwuchs bereits vollständig entwickelt und konnte der Mutter folgen.

Offenbar haben Höhlenbärinnen mit ihren Kindern auch im Sommer ihre Höhle immer wieder aufgesucht. Das belegen zahlreiche Funde von Milchzähnen, die den kleinen Höhlenbären in der Fressphase ausgefallen sind. Darunter befinden sich vor allem Milcheckzähne. Die Jungen blieben vermutlich etwa drei Jahre bei ihrer Mutter, die ihnen in dieser Zeit alles Wissenswerte beibrachte und sie – wenn nötig – energisch verteidigte.

Der deutsche Paläontologe Robert Darga,
Leiter des Naturkunde- und Mammutmuseums
in Siegsdorf (Bayern), gibt bei Höhlenbären
für die Tiefland-Form eine Schulterhöhe von ca. 1,50 Meter an
und bei der alpinen Form von etwa 1,30 Meter.

Größe und Gewicht

Wie bei vielen anderen Tieren differieren auch beim Höhlenbären die Angaben über seine Größe und sein Gewicht. Laut
Online-Lexikon „Wikipedia" erreichte der männliche Höhlenbär
eine Kopfrumpflänge bis zu ca. 3,50 Metern und eine Schulterhöhe bis zu etwa 1,70 Meter. Der österreichische Paläontologe
Gernot Rabeder aus Wien erwähnt ebenfalls eine Kopfrumpflänge von maximal 3,50 Meter, aber eine Schulterhöhe von selten
mehr als 1,75 Meter. Der deutsche Paläontologe Robert Darga
aus Siegsdorf nennt eine Schulterhöhe von ca. 1,50 Meter bei
der Tiefland-Form und etwa 1,30 Meter bei der alpinen Form.
Aufrecht stehend war der Höhlenbär mehr als drei Meter hoch
und damit ungefähr ein Drittel größer als der heutige Braunbär
(Ursus arctos). Laut Online-Lexikon „Wikipedia" erreichen
Braunbären eine Kopfrumpflänge zwischen 1 und 2,80 Meter,
eine Schulterhöhe von 90 Zentimeter bis 1,50 Meter und haben
einen bis zu 20 Zentimeter langen Schwanz.
Weibliche Höhlenbären waren – wie bei heutigen Bärenarten
üblich – etwas kleiner als männliche Tiere. Das Gewicht ausge-
wachsener männlicher Höhlenbären wird auf ungefähr 600 bis
fast 1200 Kilogramm geschätzt. Mit einem Gewicht bis zu 780
Kilogramm gilt der Kodiakbär *(Ursus arctos middendorfi)* an der
Südküste von Alaska und auf vorgelagerten Inseln wie Kodiak
als schwerster Braunbär der Gegenwart. Das Durchschnitts-
gewicht bei Kodiakbären beträgt bei Männchen lediglich 389
Kilogramm und bei Weibchen nur 207 Kilogramm. Männliche
Eisbären *(Ursus maritimus)* bringen zwischen 300 und 800
Kilogramm auf die Waage.
Die größten Höhlenbären hatten ein größeres Gewicht als Büffel
und Rinder sowie heutige Hauspferde. Der größte aus der
Drachenhöhle bei Mixnitz bekannte männliche Höhlenbär wog
zu Lebzeiten mehr als 1180 Kilogramm. Zum Vergleich: Ein
eiszeitalterlicher Höhlenlöwe hatte eine Kopfrumpflänge bis zu

Der Kodiakbär an der Südküste von Alaska und auf vorgelagerten Inseln wie Kodiak gilt als schwerster Braunbär der Gegenwart.

Kopf eines Kodiakbären
(Ursus arctos middendorfi)

etwa 2,20 Meter, eine Gesamtlänge bis zu rund 3,20 Meter und ein Gewicht bis zu mehr als 300 Kilogramm.

In dem Buch „Der Höhlenbär" (2000) von Gernot Rabeder, Doris Nagel und Martina Pacher ist zu lesen, männliche Höhlenbären könnten sogar ein Höchstgewicht von annähernd 1500 Kilogramm erreicht haben. Denn die Extremitätenknochen der Höhlenbären sind viel dicker als diejenigen bei Braunbären gewesen. Nach den Funden zu schließen, wurden die Extremitätenknochen der Höhlenbären und die Tiere selbst im Laufe ihrer Entwicklung immer dicker und schwerer.

Höhlenlöwe (Panthera leo spelaea) auf einem Bild des deutschen Tiermalers Heinrich Harder (1858– 1935)

Die deutsche Paläontologin Brigitte Hilpert
ist eine Expertin für Höhlenbären.
In ihrer Doktorarbeit befasste sie sich
mit der Revision und Neubearbeitung
der Bärenfunde aus der Steinberg-Höhlenruine
bei Hunas in Mittelfranken.
Brigitte Hilpert arbeitet
am Geozentrum Nordbayern,
Fachgruppe PalaeoUmwelt, Erlangen,
und am Naturhistorischen Museum Nürnberg.
Sie hat sich um die Erforschung
der Höhlenbären in der Fränkischen Alb
bzw. der Fränkischen Schweiz
verdient gemacht.

Der Höhlenbärenschädel

Die größten Höhlenbärenschädel sind von der Schnauzenspitze bis zum Hinterhaupt fast 55 Zentimeter lang. Aus der Drachenhöhle bei Mixnitz in der Steiermark kennt man einen Schädel mit 53,5 Zentimeter und aus dem Hohlen Stein bei Schambach in Bayern einen mit 50 Zentimeter Länge. Der längste Höhlenbärenschädel aus der Fränkischen Alb ist nach Auskunft der Paläontologin Brigitte Hilpert aus Erlangen rund 48 Zentimter lang. Nach Angaben des finnischen Paläontologen Björn Kurtén (1924–1988) misst der größte bekannte Schädel eines Kodiakbären 46 Zentimeter Länge.

Der Höhlenbär hatte einen längeren, höheren, dickeren und schwereren Schädel als der Braunbär. Im Gegensatz zum Braunbären war beim Höhlenbären der Schädel im Vergleich zu den Skelettdimensionen auch prozentual größer. Die enorme Schädelgröße wurde durch besonders umfangreiche Hohlräume der Schädelknochen bewirkt, die nur mit Luft gefüllt sind. Auffällig sehen auch die Stirnhöcker aus. Die Region zwischen diesen Höckern, die so genannte Glabella, erscheint als Vertiefung. Der Anteil der Schnauzenlänge an der Gesamtlänge des Schädels ist beim Höhlenbären etwas größer als beim Braunbären. Ungeachtet dessen wird die Schnauzenform des Höhlenbären gelegentlich als „Mopstyp" bezeichnet.

Auffällig groß wirkt die knöcherne Nasenöffnung im Schädel des Höhlenbären. Bei alten männlichen Höhlenbären ist der Längskamm (Sagittalkamm) auf der oberen Seite des Gehirnschädels, der durch die Ansatzfläche für die kräftige Muskulatur vergrößert wird, stark ausgeprägt.

Nach Erkenntnissen der Paläontologen Josef Theodor Groiss und Donat Kamphausen, beide aus Erlangen, lässt sich das Geschlecht von Höhlenbären auch anhand von Hirnraumausgüssen bestimmen. Bei älteren männlichen Höhlenbären fällt die Hirnfront fast senkrecht ab, bei weiblichen Tieren dagegen merklich flacher.

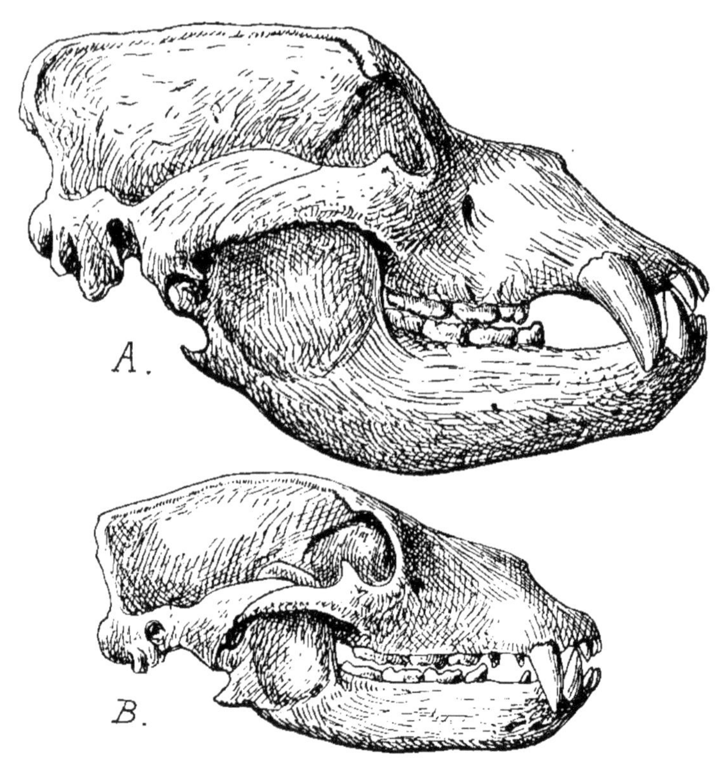

*Unterschiedlich große Schädel
von Höhlenbär (Ursus spelaeus),
Zeichnung oben,
und Braunbär (Ursus arctos),
Zeichnung unten.
Der Höhlenbär war
bei aufgerichteter Körperhaltung
etwa ein Drittel größer
als ein heutiger Braunbär.*

In der Literatur heißt es, der Höhlenbär habe über sehr feine
Sinne verfügt. Vor allem sein Geruchssinn sei sehr stark entwickelt gewesen. Dies habe ihn befähigt, seine Nahrung bereits
aus einigen Kilometern Entfernung riechen zu können. Auch
das Sehvermögen und das Gehör sollen ungewöhnlich gut gewesen sein.
Die wahre Natur mächtiger Höhlenbärenschädel wurde von
frühen Entdeckern nicht erkannt. Noch im 17. Jahrhundert
betrachtete man solche Funde als Überreste von Drachen, wo-
von Namen wie Drachenhöhle oder Drachenloch sowie
Darstellungen von Drachen oder Drachenkämpfen zeugen.

Darstellung eines Drachenkampfes
des deutschen Gelehrten und Jesuiten
Athanasius Kircher (1601–1680)
aus dem 17. Jahrhundert.
Funde von Höhlenbärenschädeln
wurden in früheren Jahrhunderten
oft als Reste von Drachen fehlgedeutet.

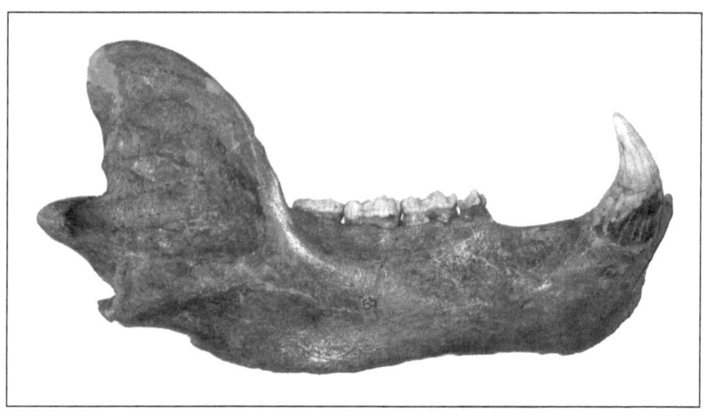

Foto oben: Kiefer eines Höhlenbären aus der Steinberg-Höhlenruine oberhalb Hunas bei Hartmannshof in Mittelfranken (Bayern). Original im Geozentrum Nordbayern, Fachgruppe PalaeoUmwelt, Erlangen

Foto unten: Kiefer eines Braunbären aus den jungpleistozänen Rheinkiesen von Roxheim bei Frankenthal (Pfalz). Original in der Sammlung Ulrich H. J. Heidtke, Niederkirchen (Pfalz)

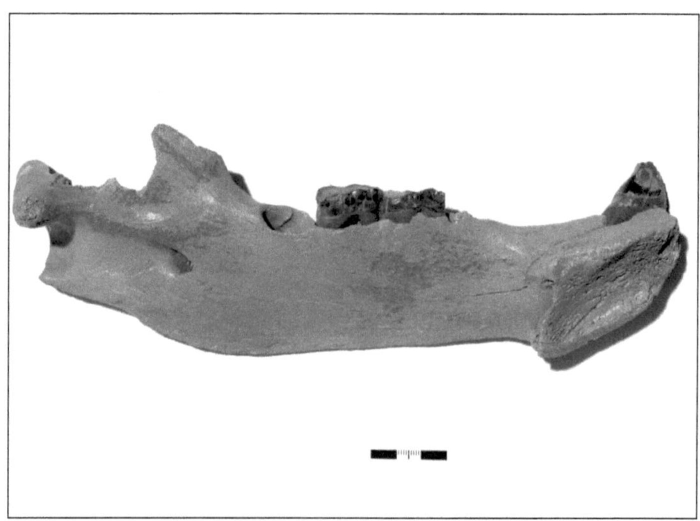

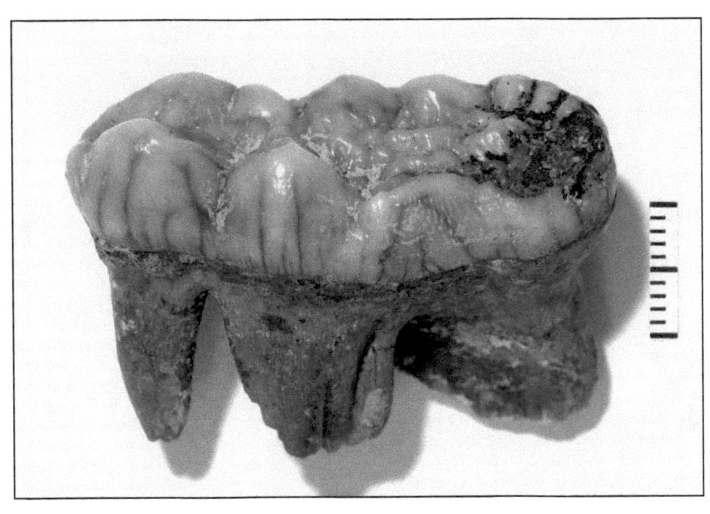

*Foto oben: Backenzahn eines Höhlenbären
aus dem Eicher See bei Worms,
Foto unten: Eckzahn eines Höhlenbären
aus dem Eicher See bei Worms.
Originale in der Sammlung Ulrich H. J. Heidtke,
Niederkirchen (Pfalz)*

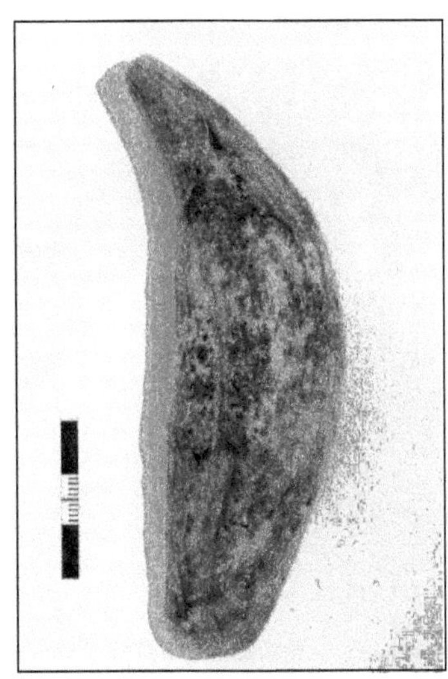

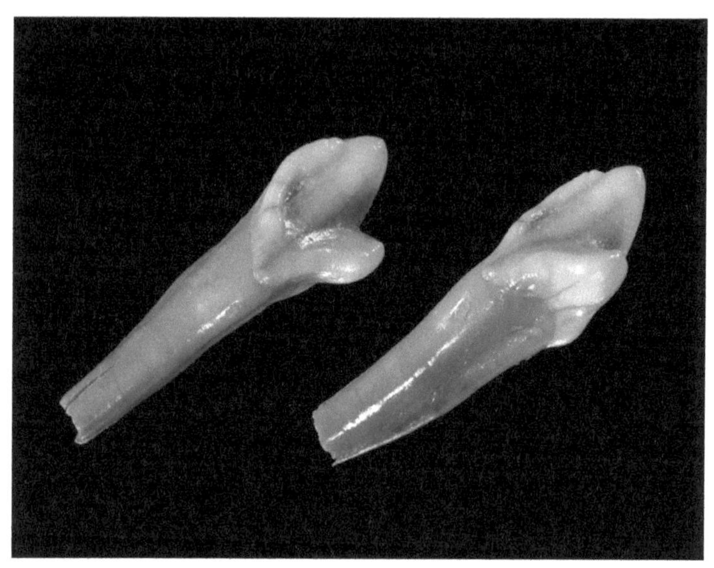

Schneidezähne von Höhlenbären (Fotos oben und unten)
aus der Zoolithenhöhle von Burggaillenreuth bei Muggendorf
von Andreas E. Richter www.richter-fossilien-reisen.de
in Augsburg

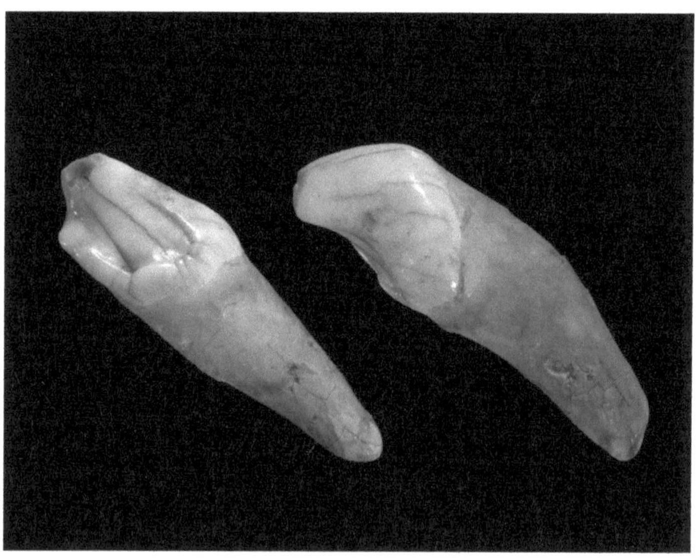

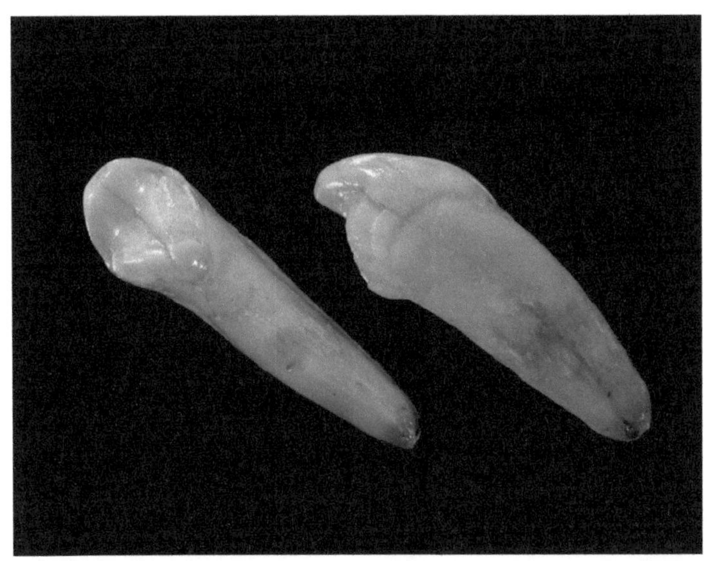

*Schneidezahn (Foto oben) und Eckzahn (Foto unten)
von Höhlenbären aus der Zoolithenhöhle von Burggaillenreuth
bei Muggendorf von Andreas E. Richter
www.richter-fossilien-reisen.de aus Augsburg*

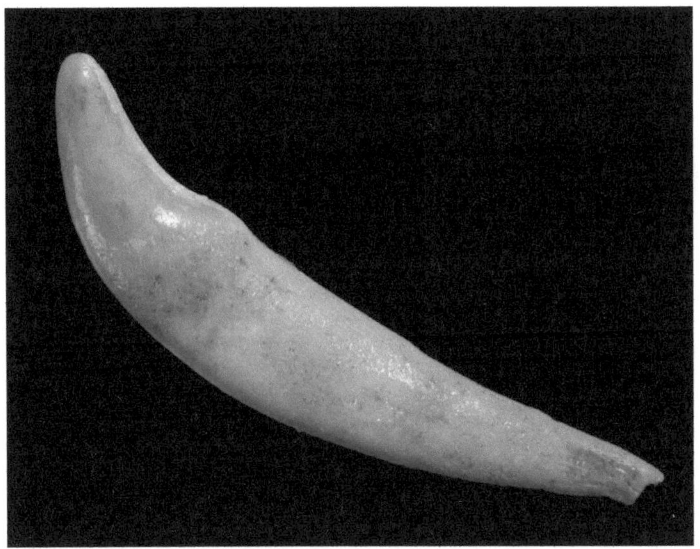

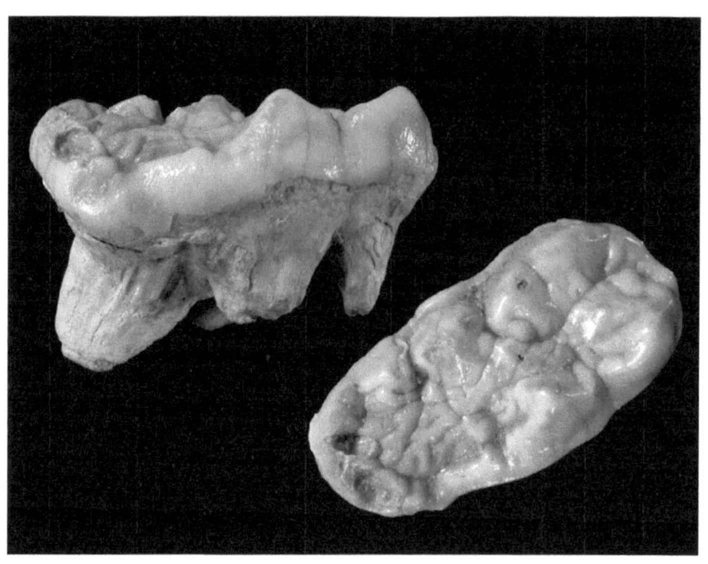

Backenzähne (Fotos oben und unten) von Höhlenbären aus der
Zoolithenhöhle von Burggaillenreuth bei Muggendorf
von Andreas E. Richter www.richter-fossilien-reisen.de in Augsburg

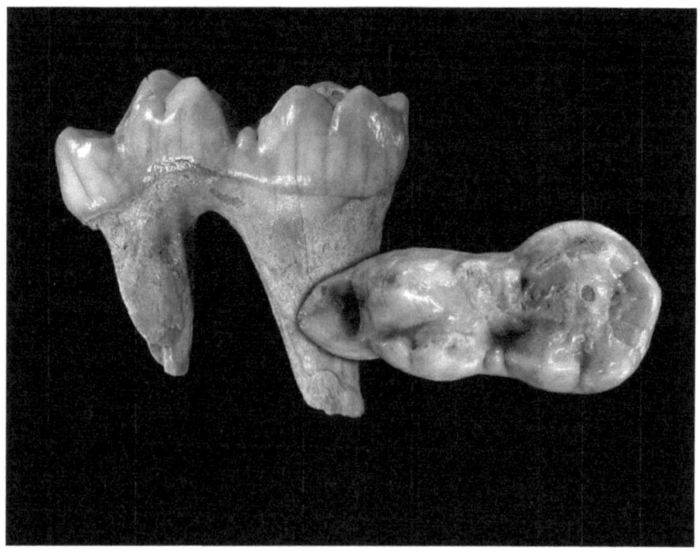

112

Die Zähne des Höhlenbären

Der Höhlenbär trug in seinem kräftigen Gebiss insgesamt 30 Zähne. Im Oberkiefer waren es 14 und im Unterkiefer 16 Zähne. In jeder seiner beiden oberen Kieferhälften saßen sieben Zähne: nämlich von vorne nach hinten jeweils drei Schneidezähne (Incisiven), ein Eckzahn (Fangzahn), ein Vorbackenzahn (Prämolar) und zwei Backenzähne (Molaren). In den beiden unteren Kieferhälften gab es jeweils drei Schneidezähne, einen Eckzahn, einen Vorbackenzahn und drei Backenzähne.
Die Zähne im Oberkiefer und im Unterkiefer hatten gewisse Unterschiede. So sind die Schneidezähne im Oberkiefer niedriger und stärker gebogen als die spatelförmigen im Unterkiefer. Die Backenzähne im Oberkiefer hatten mehrere Wurzeln, diejenigen im Unterkiefer dagegen höchstens zwei.
Die eindrucksvollen beiden oberen Eckzähne des Höhlenbären sind bis zu zehn oder noch mehr Zentimeter lang. Dagegen erreichten die beiden unteren Eckzähne nicht ganz diese Maße. Die Eckzähne des Höhlenbären waren ebenso wirkungsvoll wie die Fangzähne eines Höhlenlöwen. Bei Höhlenbärinnen sind die Eckzähne etwas kürzer als bei männlichen Höhlenbären.
Es ist erstaunlich, dass ein Pflanzenfresser wie der Höhlenbär über so große und furchterregende Eckzähne verfügte. Damit konnte er sich gegen große Fressfeinde wehren oder sie für Drohgebährden gegenüber Feinden oder Artgenossen einsetzen. Im 17. Jahrhundert hat man die imposanten Eckzähne des Höhlenbären irrtümlich als Horn des sagenumwobenen Einhorns gedeutet.
Die Backenzähne des Höhlenbären besitzen große Kauflächen und zahlreiche Schmelzhügel, welche die Zahnkrone aufbauen. Dies verrät, dass der Höhlenbär eher zu den Pflanzenfressern gehört als zu den reinen Fleischfressern, deren Backenzähne mit Spitzen und scharfen, schneidenden Kanten versehen sind. Der

hinterste untere Backenzahn ähnelt dem entsprechenden Zahn eines Wildschweines.

Zur Brunftzeit schlugen männliche Höhlenbären schwächere Rivalen allein durch Zurschaustellen ihres mächtigen Gebisses in die Flucht. Etwa gleich starke Höhlenbärenmännchen lieferten sich erbitterte Brunftkämpfe, bei denen der besiegte Kontrahent schwere Bissverletzungen erleiden konnte.

Aus der Conturineshöhle in Südtirol kennt man einen Höhlenbärenschädel, bei dem ein Biss das Schädeldach durchdrungen hatte. Eine weitere Bissspur befindet an der Stirnseite dieses Schädels. Der betroffene Höhlenbär hat seine schweren Verletzungen offenbar nicht lange überlebt, weil der Heilungsprozess nicht abgeschlossen wurde.

Im Gegensatz zum Braunbären mit bis zu vier vorderen Backenzähnen (Prämolaren) in jedem seiner vier Kieferäste trug der Höhlenbär nur noch einen einzigen vorderen Backenzahn – nämlich den verbliebenen vierten vorderen Backenzahn – in jedem Kieferast. Danach folgten – wie erwähnt – im Oberkiefer zwei und im Unterkiefer drei Backenzähne (Molaren).

Der Wiener Paläontologe Gernot Rabeder hat untersucht, wie sich der vierte obere Vorbackenzahn im Laufe der Zeit verändert hat. Bei frühen Bärenarten – wie *Ursus minimus* und *Ursus etruscus* (Etruskischer Bär) – war dieser Zahn noch sehr einfach – nämlich einspitzig – ausgebildet. Beim Allesfresser Braunbär und beim Pflanzenfesser Höhlenbär dagegen sind bei diesem Zahn viele Höcker vorhanden, was ein besseres Zermahlen der schwer aufschließbaren Pflanzennahrung ermöglichte.

Rabeder erkannte, dass sich am einzigen oberen Vorbackenzahn der Höhlenbären im Laufe der Zeit eine zunehmend kompliziertere Struktur mit immer mehr Kauelementen wie Höckern und Schneidekanten entwickelte. Diese wichtige Entdeckung erlaubt es, die Evolutionshöhe der Höhlenbärenzähne in einer Fundschicht zu erfassen und deren relatives Alter zu bestimmen. Das entsprechende Bewertungsschema heißt „Morphodynamischer Index". In der Entwicklungsreihe des oberen Vorba-

114

ckenzahnes des Höhlenbären gibt es einen Typ mit drei Höckern, einen Typ mit drei Höckern und Zwischenhöcker, einen Typ mit quer verlaufender Schneidekante und einen Typ mit Schneidekante und zusätzlichem Höcker. Offenbar ist diese Entwicklung rasch und in kleinen Schritten erfolgt.

Auch die Schneidezähne und Backenzähne des Höhlenbären haben sich verändert. Bei den Schneidezähnen entstanden zusätzliche Höcker, Furchen und Schneidekanten. Die Backenzähne wurden größer und erhielten zusätzliche Höcker. Ursprünglich glatte Mulden verwandelten sich durch Furchen und Leisten in Raspelflächen und zwischen den Höckern bildeten sich zusätzliche Schneidekanten.

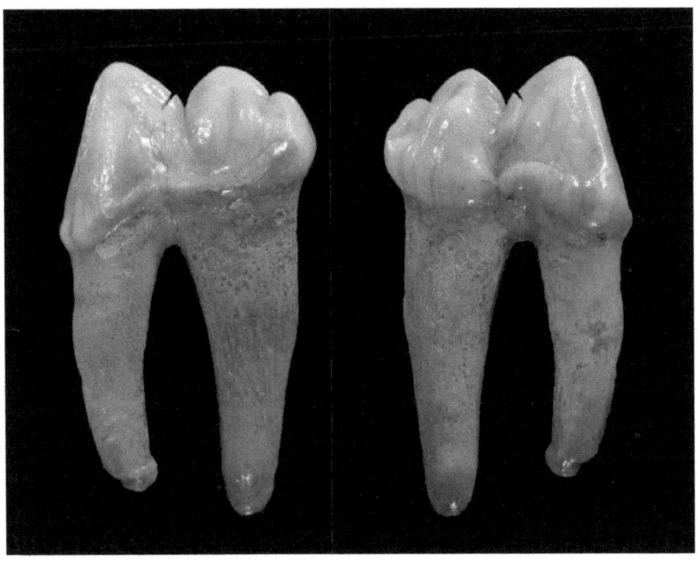

Backenzahn vom Höhlenbären aus der Zoolithenhöhle
von Burggaillenreuth bei Muggendorf von Andreas E. Richter
www.richter-fossilien-reisen.de in Augsburg

Skelett eines Höhlenbären in der Teufelshöhle bei Pottenstein in der Fränkischen Alb (Bayern)

Das Höhlenbärenskelett

Der Körper des Höhlenbären war sehr robust und stämmig gebaut. Sein Skelett besteht aus insgesamt rund 300 Einzelknochen. Seine Beine wirken relativ lang und kräftig. Die Skelettknochen des Höhlenbären unterscheiden sich von denen des Braunbären. Die oberen Extremitäten (Oberarm und Oberschenkel) des Höhlenbären sind länger als die unteren Extremitäten (Unterarm und Unterschenkel). Zudem sind die Vorderextremitäen (Vorderbeine) kräftiger als die Hinterextremitäten (Hinterbeine) und das Schienbein ist stärker gedreht. Früher hieß es irrtümlich, die Vorderextremitäten seien wesentlich länger als die Hinterbeine gewesen.

Zeitweise glaubte man, der Höhlenbär habe einen ausprägten Fettbuckel besessen. Ein 1931 unter der Leitung des Paläontologen Othenio Abel (1875–1946) von dem österreichischen Maler und Graphiker Franz Roubal (1889–1967) aus Wien hergestelltes Modell eines Höhlenbären trägt einen auffälligen Höcker, der den bei Bären obligatorischen Buckel oberhalb der Schulterblätter mit einem dicken Fettpolster verstärkt. Bei diesem im Naturhistorischen Museum Wien aufbewahrten Modell sind außerdem die Vorderextremitäten übergroß dargestellt. Die abfallende Rückenlinie dieses Modells erinnert irrtümlicherweise an eine Hyäne. Fettreserven in Form von Buckeln gibt es heute beim einhöckrigen Kamel (Dromedar) und Buckelrind (Zebu).

Die Füße des Höhlenbären endeten mit fünf Zehen, die mit massiven, nicht einziehbaren Krallen versehen waren. Alle Knochen der Vorderfüße und Hinterfüße des Höhlenbären sind kräftiger gebaut als beim Braunbären. Die Mittelhandknochen und Mittelfußknochen werden vom ersten bis zum fünften Strahl, also von innen nach außen, merklich größer.

Seltsamerweise besaß der Höhlenbär kleinere Mittelfußknochen als der Braunbär, er hatte also merklich kleinere Tatzen. Vorderbeine, Hinterbeine und Tatzen waren schräg nach innen

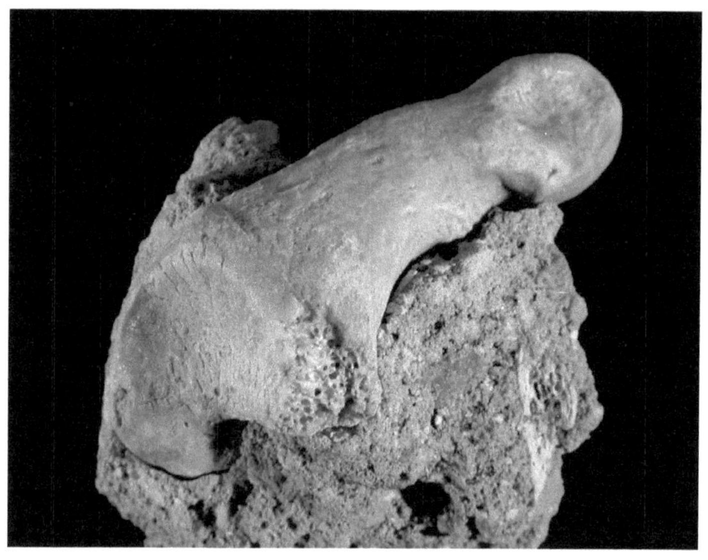

*Tatzenknochen bzw. Sesambeine (Fotos oben und unten)
des Höhlenbären von Andreas E. Richter
www.richter-fossilien-reisen.de in Augsburg*

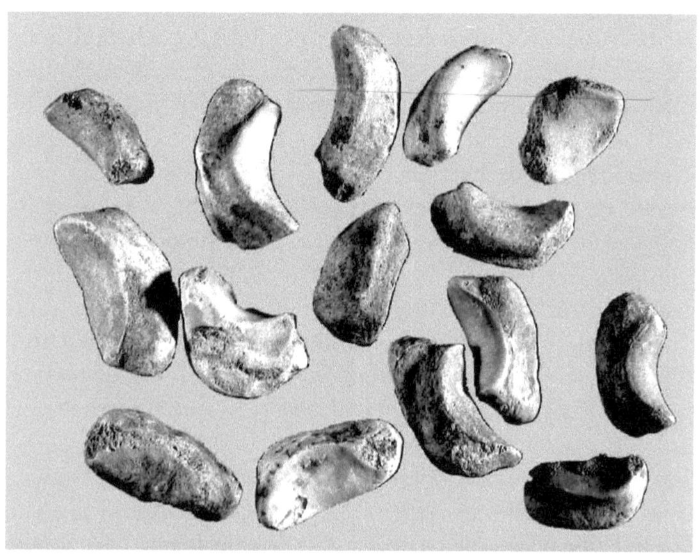

ausgerichtet, was vermutlich eine watschelnde Gehweise bewirkte. Hochentwickelte Höhlenbären in der letzten Eiszeit des Eiszeitalters konnten wahrscheinlich nicht sehr schnell laufen. Das war auch nicht nötig, weil erwachsene Höhlenbären unter den Raubtieren keine Feinde zu fürchten hatten.

Die vordersten, krallentragenden Fingerknochen und Zehenknochen sind beim Höhlenbären nicht größer als bei anderen Bären, jedoch höher, stärker gewölbt und etwas schmaler.

Weil beim Höhlenbären die männlichen Tiere merklich größer als die weiblichen Tiere waren, gibt es bei den Knochenfunden erhebliche Größenunterschiede. Die Länge der Oberarmknochen beträgt 32 bis 50 Zentimeter, der Ellenknochen 30 bis 44 Zentimeter, der Speichenknochen 26 bis 37,5 Zentimeter, der Oberschenkelknochen 39,5 bis 54 Zentimeter, der Schienbeinknochen 25,5 bis 34 Zentimeter und der Wadenbeinknochen 22,5 bis 31 Zentimeter.

Männliche Höhlenbären unterschieden sich von weiblichen Artgenossen auch durch ihren bis zu 30 und mehr Zentimeter langen sowie bis zu 1,5 Zentimeter breiten Penisknochen (Baculum, Os penis, Os priapi) im Begattungsorgan. Der Penisknochen ist eine Verknöcherung des Penisschwellkörpers *(Corpus cavernosum penis)*. Welche Funktion dieser Knochen besaß, ist bisher nicht genau geklärt.

Einen Penisknochen haben – laut Online-Lexikon „Wikipedia" – die meisten Primaten (außer Mensch, einigen Klammerschwanzaffen und Sulawesi-Koboldmaki), fast alle Raubtiere (außer Hyänen und Musangs), Meerschweinchenverwandte, Mäuseverwandte, Biber, Insektenfresser, Fledertiere, Riesengleiter, Borstenigel und einige Maulwürfe. Bei manchen Tieren ist es auch nur eine verknorpelte Struktur. Fossil kennt man diese Struktur vor allem beim Höhlenbären. Außer Menschen haben auch Huftiere, Elefanten und Menschenaffen keinen Penisknochen.

In manchen Höhlen wurden gebrochene und danach wieder verheilte Penisknochen von Höhlenbären gefunden, was mancherlei Spekulationen auslöste. Nach einer umstrittenen Theorie soll es bei den Höhlenbären zwei Brunftzeiten gegeben haben. Die bei der ersten Brunft bereits begatteten Höhlenbärinnen sollen sich bei einem erneuten Paarungsversuch so heftig dagegen gewehrt haben, dass der Penisknochen gebrochen sei.

Der Evolutionsforscher Richard Dawkins vertritt die Theorie, der Mensch habe im Laufe der Evolution den Penisknochen verloren, um Frauen ein Prüfen der Gesundheit des paarungswilligen Mannes zu ermöglichen. Denn Erektionsstörungen seien oft eine Folge verschiedener physischer oder psychischer Krankheiten und Faktoren (zum Beispiel Diabetes mellitus oder Stress). Da eine durch einen Penisknochen erzeugte Erektion keine solche Beurteilung erlauben würde, könnten sich die Frauen bevorzugt mit Männern gepaart haben, deren Gesundheit sie besser einschätzen konnten. Dies sei der nötige Selektionsdruck zur Reduktion des Penisknochens gewesen.

Evolutionsforscher
Richard Dawkins

*Heutiger Braunbär
in Alaska
beim Verzehren eines Fisches*

122

Die Nahrung des Höhlenbären

Das Gebiss des Höhlenbären war im Gegensatz zu demjenigen des ebenfalls im Eiszeitalter vorkommenden Braunbären an eine fast ausschließliche pflanzliche Ernährung angepasst. Nach den Entwicklungstendenzen des Gebisses zu schließen, hatte sich der Höhlenbär immer mehr an eine bestimmte Pflanzenkost gewöhnt, bis er nicht mehr fähig war, sich räuberisch zu ernähren.

Heutige Braunbären fressen vor allem Früchte, Beeren, Nüsse, Kräuter und sogar Gras, aber daneben auch Insekten und kleine Wirbeltiere. Lediglich in Gegenden, wo diese pflanzliche und tierische Nahrung nicht vorhanden ist, jagen Braunbären größere Säugetiere.

Die Nahrung des Höhlenbären bestand vor allem aus Almkräutern. Das belegen Pollenkörner, die dank eines speziellen Verfahrens im Lehm von Höhlen geborgen werden konnten. Diese Pollenkörner stammen von insektenblütigen Pflanzen wie Korbblütlern (Disteln, Astern, Witwenblumen und Flockenblumen), Glockenblumen, Nelkengewächsen und Geranien. Der Name insektenblütige Pflanzen beruht darauf, dass deren Pollenkörner von Insekten auf andere Blüten übertragen werden. Weil die Pollenkörner der Blüten insektenblütiger Pflanzen klebrig oder rau sind, können sie nicht durch den Wind, sondern nur vom Höhlenbären selbst in die Höhle gebracht worden sein, meinen Experten.

„Diese Kräuter wachsen heute in naturbelassenen Räumen vorwiegend in der Nähe des Waldrandes, hat der Mensch hingegen durch Weidewirtschaft das Landschaftsbild verändert, kommen sie auch auf tiefer gelegenen Almwiesen vor. Dort sind diese 30 bis 50 Zentimeter hohen Pflanzen – die so genannte Hochstaudenflur – beim Weidevieh sehr beliebt". Nachzulesen ist dies in dem Buch „Der Höhlenbär" (2000) von Gernot Rabeder, Doris Nagel und Martina Pacher.

Die Zähne des Höhlenbären waren im Vergleich mit den sehr hochkronigen Backenzähnen von Pferd und Rind, die beide große Mengen von Gras zerkleinern können, weniger an pflanzliche Ernährung angepasst. Anders als weiche und saftige Kräuter enthalten die meisten Gräser kleine Körner, die aus Kieselsäure (Härte 7) bestehen und den Schmelz der Zähne (Härte 5) schnell abschleifen. Aus diesem Grund fraß der Höhlenbär lieber weiche Kräuter mit hohem Nährwert als harte Gräser.

Offenbar hat der Höhlenbär einen Lebensraum mit üppigem Pflanzenbewuchs bevorzugt. Seine Spezialisierung auf bestimmte Kräuter könnte ihm zum Verhängnis geworden sein, als diese nach einer Klimaverschlechterung nicht mehr ausreichend vorhanden waren.

Sozialverhalten und Kommunikation
des Höhlenbären

Über das Sozialverhalten des Höhlenbären im Eiszeitalter weiß man wenig Genaues. Denn die Funde fossiler Zähne und Knochen aus Höhlen oder anderen Fundstellen sagen hierüber nicht viel aus. Vielfach ist nicht klar, ob sich der Höhlenbär genau so wie ein heutiger Braunbär verhalten hat. Schließlich war Ersterer ein Pflanzenfresser und Letzterer ein Allesfresser.

Die Braunbären aus der Gegenwart leben als Einzelgänger. Lediglich während der Paarungszeit kommt es zu kurzzeitigen Verbindungen. Dauerhaft ist nur die Bindung der Bärenmutter zu ihrem Nachwuchs. Braunbären verteidigen ihr Revier nicht gegenüber Artgenossen. An reichen Nahrungsquellen – wie etwa fischreichen Gewässern oder beerenreichen Gebieten – gibt es Ansammlungen zahlreicher Braunbären.

Jetzige Braunbären sind nicht standorttreu, sie unternehmen saisonale Wanderungen zu Orten mit großem Nahrungsangebot. Dabei wandern sie manchmal bis zu Hunderten von Kilometern.

Die Kommunikation der Braunbären erfolgt durch Laute, Körperhaltungen und den Geruchssinn. Braunbären drücken ihre Dominanz durch direkte Annäherung mit gestrecktem Nacken, zurückgelegten Ohren und zur Schau gestellten Eckzähnen aus. Unterwerfung wird durch das Senken oder Wegdrehen des Kopfes und durch Niedersetzen, Hinlegen oder Weglaufen signalisiert. Beim Kampf zwischen Braunbären gibt es Prankenhiebe auf Brust oder Schultern oder Bisse in den Kopf oder Nacken.

Braunbären geben kaum Laute von sich, außer wenn sie verwundet sind oder angegriffen werden. Junge Braunbären heulen, wenn sie Hunger leiden, von der Mutter getrennt sind oder wenn sie frieren. Es sind keine Laute bekannt, mit denen eine Braunbärin ihre Kinder ruft. Brummende und knurrende Laute

Junger Braunbär

Erwachsener rennender Braunbär

126

gelten als Ausdruck für Aggression. Puffende Laute, die durch intensives, wiederholtes Ausatmen erzeugt werden, dienen der freundlichen Kontaktaufnahme zwischen Braunbären, zum Beispiel bei der Paarung.

Um ihr Revier, Paarungsbereitschaft oder Wanderwege zu markieren, scheuern sich Braunbären an Bäumen, wälzen sich auf dem Boden, beißen oder kratzen Teile der Baumrinde heraus oder sondern Urin oder Kot ab.

Mitunter vergraben Braunbären ihre Nahrung, um sie vor Konkurrenten zu verbergen. In solchen Fällen legen sie sich dann auf oder neben den Erdhaufen, um ihre Beute zu bewachen. Ein solches Verhalten legen sie aber nur bei Nahrungsmangel an den Tag.

Braunbärenmännchen paaren sich häufig mit mehreren Weibchen. Während der Paarungszeit folgen oft mehrere männliche Braunbären einem Weibchen. Dabei kann es zu Kämpfen um das Paarungsrecht kommen. Um zu verhindern, dass sich eine befruchtete Braunbärin erneut paart, bleiben Männchen ein bis drei Wochen bei diesem. Wenn diese Bewachung nicht erfolgreich ist, können sich auch Bärinnen mit mehreren Bären paaren.

Die Paarungszeit fällt in die Monate Mai bis Juli. Nach der Paarung nistet sich die befruchtete Eizelle nicht sofort ein, sondern bleibt frei im Uterus. Erst ab der Winterruhe beginnt die Tragzeit. Deswegen kann die Zeitspanne zwischen Paarung und Geburt etwa 180 bis 270 Tage dauern. Die Trächtigkeit währt nur sechs bis acht Wochen.

*Walzenförmiger Harnstein bzw. Nierenstein
eines Höhlenbären
aus der Höhle Zahnloch bei Steifling
unweit von Pottenstein
(Fränkische Alb) in Oberfranken (Bayern).
Original im Fränkische Schweiz-Museum
in Tüchersfeld*

Krankheiten der Höhlenbären

An welchen Krankheiten die Höhlenbären litten, kann man überwiegend nur an Zähnen und Knochen ablesen, an denen unterschiedliche Leiden ihre typischen Spuren hinterlassen hatten. Man kennt also nur einen Bruchteil der tatsächlich aufgetretenen Krankheiten, weil das Fleisch und die Organe der Tiere nicht erhalten geblieben sind.

Bei alten Höhlenbären wurden die Backenzähne so stark abgeschliffen, dass die Zahnhöhle (Pulpa) offen lag und Bakterien eindringen konnten. Dadurch ausgelöste Vereiterungen hinterließen Spuren wie Wurzeleiterungen, Zahnverlust und Knochenwucherungen. Entzündungsherde im Kiefer strahlten auf den ganzen Körper aus und beschleunigten vielleicht degenerative Veränderungen an Wirbeln.

Vitamin-D-Mangel hatte bei Höhlenbären rachitische Knochen und Zähne zur Folge. In der kalten und dunklen Jahreszeit war es schwer, sich mit Vitamin D, das auch „Sonnen-Vitamin" genannt wird, zu versorgen. Vitamin D hilft dem Körper, das für Knochen wichtige Kalzium aufzunehmen. Ein zu niedriger Vitamin-D-Spiegel im Blut führt zu Knochenerweichungen und -verformungen (Rachitis).

Chronische Entzündungen der Knochenhaut von Höhlenbären lösten Knochenwucherungen (Exostosen) aus. Solche Geschwülste beobachtete man vor allem an Mittelhandknochen und Mittelfußknochen alter Tiere. Chronische Beinhautentzündungen entstanden durch ständige Reizung infolge der starken Beanspruchung des Bewegungsapparates.

An einigen Schienbeinknochen von Höhlenbären aus der Drachenhöhle bei Mitznitz im Murtal in der Steiermark erkannte man Auswirkungen von Infektionskrankheiten – nämlich Knochentuberkulose. Unter Letzterer versteht man schmerzhafte Schwellungen an Kniegelenken und anderen Gelenken sowie der Wirbelsäule.

*Paläontologe Thomas Rathgeber aus Stuttgart vor einem Bärenschliff
in der Vogelherdhöhle bei Stetten im Lonetal auf der Schwäbischen Alb
(Baden-Württemberg)*

130

Hinweise auf verheilte Knochenbrüche von Höhlenbären liefert die poröse Knochenmasse (Kallus), mit der Bruchstücke wieder zusammengewachsen sind. Als Kallus oder Callus (lateinisch: harte Haut oder Schwiele) bezeichnet man neugebildetes Knochengewebe, das nach einem Knochenbruch (Fraktur) von den Knochensubstanz produzierenden Zellen aufgebaut wird.

Aus der Bärenhöhle bei Sonnenbühl-Erpfingen (Schwäbische Alb) in Baden-Württemberg kennt man eigenartige, walzenförmige Steine, bei denen Carl Rath (1802–1876), Konservator an der Unversität Tübingen, bereits 1834 vermutete, dass sie einst im Höhlenbären entstanden sind. Rund ein Jahrhundert später – genauer gesagt 1933 – identifizierte die damals noch in Frankfurt am Main arbeitende Paläontologin Tilly Edinger (1897–1967) diese Gebilde als Harnsteine bzw. Nierensteine. Sie war die Begründerin der Paläoneurologie, die Abdrücke fossiler Gehirne erforscht, und flüchtete nach den Novemberpogromem der Nazis von 1938 wegen ihrer jüdischen Abstammung aus Deutschland über London in die USA.

„Da solche Konkremente bevorzugt bei Pflanzenfressern entstehen, und zwar um so besser, je kalkreicher das Trinkwasser ist, darf der Höhlenbär aufgrund seiner überwiegend pflanzlichen Nahrung und seiner Nutzung von Höhlen mit ihren Kalk gesättigten Tropfwasserpfützen als prädestinierter Steinbildner gelten“, schrieb der Stuttgarter Paläontologe Thomas Rathgeber. Die Harnsteine entstanden in der Niere, wurden anschließend in den Harnleiter eingespült und wuchsen dort weiter. Der im Inneren der Steine konservierte, 4,5 Millimeter dicke Hohlraum soll auf einen Fremdkörper zurückzuführen sein, in welchem ein abgekapselter Rest eines Nierenschmarotzers, eines für Raubtiere typischen Fadenwurms zu vermuten ist.

Auch aus der Höhle Zahnloch bei Steifling unweit von Pottenstein (Fränkische Alb) in Oberfranken ist der Nierenstein eines Höhlenbären bekannt. Als er 1997 publiziert wurde, erregte er großes Aufsehen und galt als sensationelle Neuentdeckung, weil

die Autoren Walter Michael Bausch, Donat Kamphausen und
Paul O. Schwille von dem Altfund von 1834 aus der Bärenhöhle
bei Sonnenbühl-Erpfingen nichts wussten.

Heutige Braunbären werden in freier Wildbahn
bis zu etwa 20 Jahre alt. Das Foto zeigt den Kopf eines Braunbären
aus dem Naturhistorischem Museum Mainz.

Das Lebensalter
der Höhlenbären

Die Höhlenbären dürften maximal mehr als 30 Jahre alt geworden sein. Heutige Braunbären erreichen in freier Wildbahn ein Alter von etwa 20 Jahren, im Zoo sogar von rund 30 Jahren. Demnach wurden Höhlenbären etwas älter als Braunbären. Alljährlich starb vermutlich etwa ein Fünftel des Bestandes. Rund 70 Prozent der Jungtiere erreichten die Geschlechtsreife nicht, sondern starben vorher.

Von 118 Höhlenbären aus den Perick-Höhlen von Hemer-Sundwig im Sauerland (Nordrhein-Westfalen) waren – nach Erkenntnissen des Paläontologen Cajus Diedrich aus Halle/ Westfalen – 66 Tiere (56 Prozent) männlich und 52 Tiere (44 Prozent) weiblich. Die Hauptsterblichkeit der Höhlenbären aus dieser Höhle lag im Alter von unter einem Jahr und im Erwachsenenalter um rund 20 Jahre.

Hinweise auf das hohe Lebensalter mancher Höhlenbären lieferten Schädelfunde, bei denen die Zähne bis auf die Wurzeln abgekaut und merklich stärker abgenutzt waren als bei heutigen Braunbären. Manche Experten spekulieren darüber, ob diese alten Höhlenbären ähnlich wie betagte Elefanten bevorzugte Sterbeplätze (Bärenfriedhöfe) aufsuchten.

Das Lebensalter eines Höhlenbären kann seit etlichen Jahren mit Hilfe der Zementringzahl-Methode ermittelt werden. Diese basiert darauf, dass die Wurzel der Höhlenbärenzähne mit einer feinen Schicht aus so genanntem Zement überzogen ist, die jedes Jahr erneuert wird. Aus der Anzahl der Zementringe kann man – ähnlich wie bei den Jahresringen von Bäumen – das Sterbealter eines Höhlenbären bestimmen.

Bei der Zementringzahl-Methode löst man aus dem Randbereich einer Zahnwurzel ein kleines Stück heraus, bettet es in Kunststoff ein, schneidet es quer und schleift es. Die Zementringe bestehen jeweils aus einem dunklen und einem hellen Streifen. Wenn man die Ringe zusammenzählt und zwei bis drei Kinderjahre dazu addiert, in denen der Zahn noch nicht ausgebildet war, erhält man das Alter des betreffenden Höhlenbären.

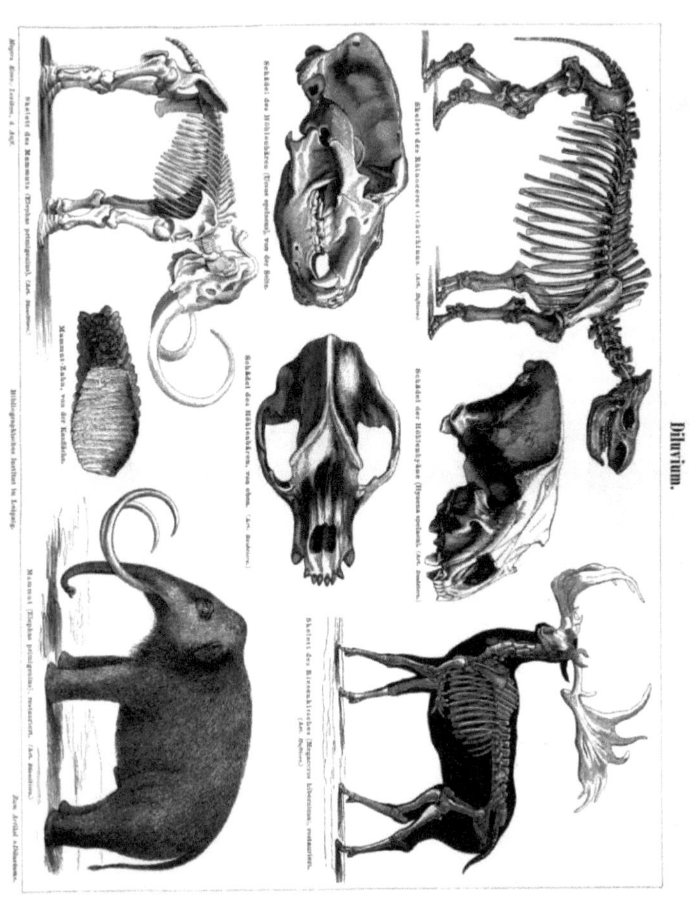

Tiere und Funde aus dem Eiszeitalter (früher Diluvium genannt)
in „Meyers Konservationslexikon" (1892):
Nashorn, Höhlenhyäne, Riesenhirsch (obere Reihe),
Höhlenbärenschädel von der Seite und von oben (mittlere Reihe),
Mammutskelett, Mammutzahn
und Mammutrekonstruktion (untere Reihe)

In Warmzeiten des Eiszeitalters lebten in Deutschland
das heute nur noch in Afrika vorkommende Flusspferd (Foto oben)
und der im 17. Jahrhundert ausgestorbene Auerochse
(unten eine Zeichnung des Berliner Tiermalers Heinrich Harder).

In Kaltzeiten des Eiszeitalters waren kälteorientierte Tiere –
wie das Fellnashorn (Bild oben) und der Moschusochse (Bild unten) –
Zeitgenossen des Höhlenbären.
Zeichnungen des Berliner Tiermalers Heinrich Harder (1858–1935)

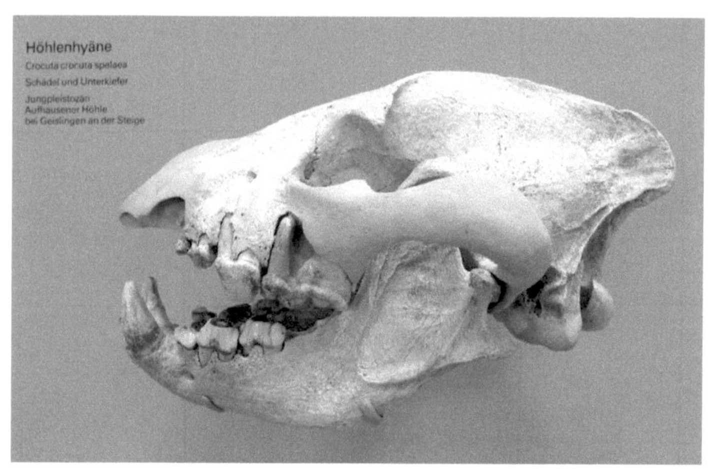

Schädel einer Höhlenhyäne (Crocuta crocuta spelaea) aus der Aufhausener Höhle bei Geislingen an der Steige (Baden-Württemberg). Original im Museum am Löwentor, Stuttgart

Die Säbelzahnkatze Homotherium latidens – hier ein Bild von Remie Bakker aus Rotterdam – war ein Zeitgenosse des Höhlenbären.

138

Tierische Zeitgenossen des Höhlenbären

In einer Warmzeit des Eiszeitalters hatte der Höhlenbär andere tierische Zeitgenossen als in einer Kaltzeit. Denn Klimaschwankungen bewirkten jeweils gravierende Veränderungen in der Pflanzenwelt (Flora) und Tierwelt (Fauna). In einer Warmzeit wanderten wärmeliebende Arten aus dem Süden nach Mitteleuropa ein und kälteliebende Formen nach Norden und Osten ab. In einer Kaltzeit war es jeweils genau umgekehrt.

Während einer Warmzeit des Eiszeitalters – wie der Eem-Warmzeit vor etwa 125.000 bis 115.000 Jahren – lebte der Höhlenbär zum Beispiel mit dem Waldnashorn *(Stephanorhinus kirchbergensis)*, dem Waldelefanten *(Palaeoloxodon antiquus)*, dem Flusspferd *(Hippopotamus antiquus)*, dem Wasserbüffel *(Bubalus murrensis)*, dem Makaken oder Berberaffen *(Macaca sylvanus)*, dem Reh *(Capreolus capreolus)*, dem Damhirsch *(Dama dama)* und dem Wildschwein *(Sus scrofa)* zusammen.

Zu Beginn der norddeutschen Weichsel-Eiszeit bzw. der süddeutschen Würm-Eiszeit vor etwa 115.000 Jahren starben viele wärmeliebende Tiere – wie der Wasserbüffel, das Flusspferd und der Berberaffe – in Mitteleuropa und der Waldelefant sogar ganz aus. Die Raubtiere – wie Höhlenlöwe *(Panthera leo spelaea)*, Leopard *(Panthera pardus)*, Säbelzahnkatze *(Homotherium latidens)*, Hyäne *(Crocuta crocuta spelaea)* oder Wolf *(Canis lupus)* – behaupteten sich weiterhin, weil diese nicht von einer bestimmten Vegetation, sondern nur vom Vorkommen von Pflanzenfressern abhängig waren.

Während einer Kaltzeit – wie der Weichsel-Eiszeit oder Würm-Eiszeit (etwa 115.000 bis 11.700 Jahre) – waren der Moschusochse *(Ovibos moschatus)*, das Fellnashorn bzw. Wollnashorn *(Coelodonta antiquitatis)*, das Rentier *(Rangifer tarandus)*, das Mammut *(Mammuthus primigenius)*, die Saiga-Antilope *(Saiga tatarica)* und der Eisfuchs bzw. Polarfuchs *(Alopex lagopus)* Zeitgenossen des Höhlenbären.

Heutige Hyäne im Leipziger Zoo.
Im Eiszeitalter haben
nach Erkenntnissen
des Paläontologen Cajus Diedrich aus Halle/Westfalen —
Höhlenhyänen nach der Winterruhe —
in Höhlen verendete
und verwesende Höhlenbären verwertet.

140

Der Höhlenbär musste sich wohl kaum vor anderen Raubtieren aus dem Eiszeitalter fürchten. Zur Gilde der Raubtiere
gehörten damals neben dem Höhlenlöwen und der Höhlenhyäne
(*Crocuta crocuta spelaea*), einer Unterart der heute in Afrika lebenden
Tüpfelhyäne, auch der Wolf, der Luchs, der Leopard und die
löwengroße Säbelzahnkatze *Homotherium latidens*. Ein in der
Tischoferhöhle bei Kufstein in Tirol entdeckter Höhlenlöwe
soll von Höhlenbären zerrissen worden sein.

Nach Erkenntnissen des Paläontologen Cajus Diedrich aus Hal-
le/Westfalen haben Höhlenhyänen nach der Winterruhe in
Höhlen verendete und verwesende Höhlenbären verwertet. In
den Perick-Höhlen von Hemer-Sundwig im Sauerland (Nordrhein-Westfalen) sind 41 Prozent aller Höhlenbärenknochen ein-
deutig von Höhlenhyänen zerknackt und angenagt. Die Langknochen der Läufe wurden wegen des Marks und die Schädel
wegen des Gehirns oft völlig zerkleinert. Manche Experten
spekulieren, in Rudeln jagende Hyänen oder Wölfe hätten einem
lebenden Höhlenbären gefährlich werden können. Andere
Fachleute halten dies aber für eher unwahrscheinlich.

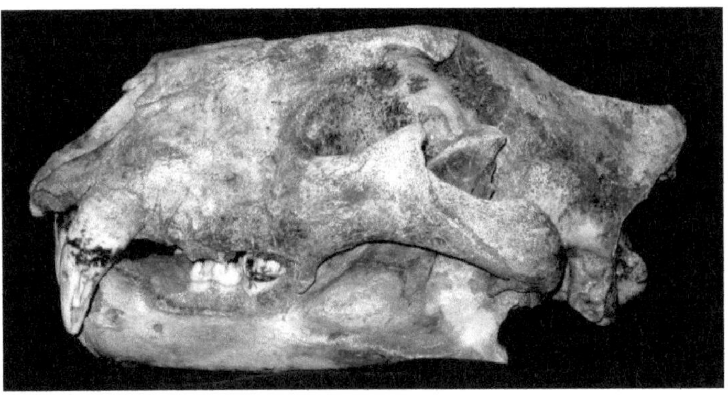

*Höhlenlöwenschädel aus der Gentnerhöhle von Weidlwang
bei Pegnitz in Oberfranken. Original im Geo-Zentrum Nordbayern,
Fachgruppe PaläoUmwelt, Erlangen*

*Frühmensch Homo erectus
(aufgerichteter Mensch).
Zeichnung von Fritz Wendler
aus dem Buch
„Deutschland in der Steinzeit" (1991)
von Ernst Probst*

Menschliche Zeitgenossen
des Höhlenbären

Wenn der Höhlenbär in Europa bereits vor etwa 400.000 Jahren aus dem Mosbacher Bären entstanden sein sollte, wie manche Experten meinen, wäre schon der Frühmensch *Homo erectus* (aufgerichteter Mensch) ein menschlicher Zeitgenosse von ihm gewesen. Diese Art kam in Afrika vor mehr als 1,5 Millionen Jahren vor, in Europa (Dmanisi in Georgien) vor mehr als 1,5 Millionen Jahren und in Asien (Modjokerto und Sangiran auf Java) vor 1 Million Jahren.

Homo erectus war meistens bis zu 1,60 Meter groß (es gab aber auch merklich größere Frühmenschen), hatte einen Schädel mit dicken Knochen und mächtigen Überaugenwülsten vor einer flachen Stirn sowie ein Gliedmaßenskelett, das sich nur wenig von dem heutiger Menschen unterschied. Diese Frühmenschen existierten bis vor etwa 300.000 Jahren. Sie entwickelten im Laufe der Zeit den Faustkeil, zähmten das Feuer, bauten Hütten und jagten mit zugespitzten Holzlanzen sogar Elefanten.

Sollte der Höhlenbär in Europa erst vor etwa 125.000 Jahren erstmals aufgetaucht sein, wie der Wiener Paläontologe Gernot Rabeder vermutet, wäre der Neandertaler *(Homo sapiens neanderthalensis)* der erste Mensch gewesen, der gleichzeitig mit ihm existierte. Bei den Neandertalern unterscheidet man frühe Neandertaler (etwa 300.000 bis 115.000 Jahre) und späte Neandertaler (etwa 115.000 bis 35.000 Jahre). Letztere nennt man auch „klassische Neandertaler".

Die späten Neandertaler hatten einen robusten Körperbau mit sehr massiven Extremitätenknochen, die im Unterarm und Oberschenkel stark gebogen waren. Sie besaßen eine flache Stirn, ein durchschnittlich 1500 Kubikzentimeter großes Gehirn, kräftige Überaugenwülste, massive Vorderzähne und starke Muskeln.

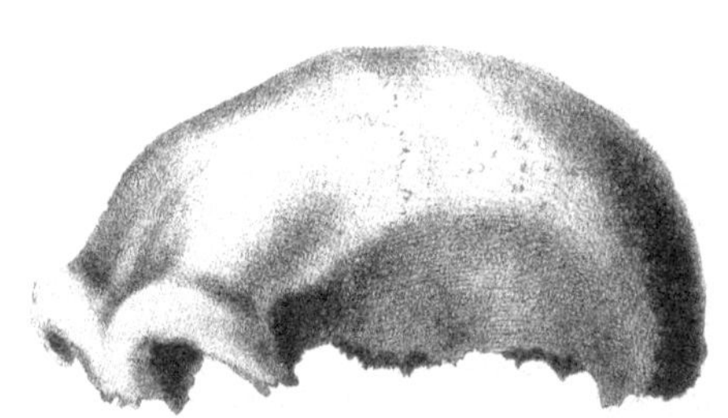

*Kopf eines Neandertalers
(Zeichnung um 1888 links oben)*

*Schädeldach des 1856
in der Kleinen Feldhofer Grotte
im Neandertal
bei Düsseldorf-Mettmann
entdeckten Neandertalers
(Zeichnung links unten)*

*Neandertal im Jahre 1835:
Zwei Kletterer
(im Vordergrund)
erklimmen vermutlich den
Neanderstuhl
oberhalb der Neanderhöhle
(Zeichnung rechts oben)*

Späte Neandertaler lebten in West-, Mittel- und Osteuropa. Sie wohnten in Höhlen, unter Felsdächern und in zeltartigen Behausungen, jagten mit Stoßlanzen und Wurfspeeren unter anderem Elefanten, Nashörner, Wildpferde, Hirsche, Rentiere und Bären. Außerdem gelten sie als die ersten Urmenschen, die ihre Toten sorgfältig bestatteten und vermutlich bereits religiöse Vorstellungen entwickelten. Funde aus der Halbhöhle von Krapina nördlich von Zagreb (Kroatien) und in Hortus (Frankreich) gelten als Reste von Kannibalenmahlzeiten aus der Zeit der späten Neandertaler.

Der berühmteste Neandertalerfund – wenn nicht der bekannteste Urmenschenfund überhaupt – glückte 1856 in der Kleinen Feldhofer Grotte im Neandertal bei Düsseldorf-Mettmann in Nordrhein-Westfalen. Nach diesem Tal, das damals noch mit „th" geschrieben wurde, sind die Neandertaler *(Homo sapiens neanderthalensis)* benannt. Die beiden Steinbrucharbeiter, die jenen weltweit berühmten Fund entdeckten, und die Steinbruchbesitzer hielten die Skelettreste für Knochen eines Höhlenbären, wie sie häufig in Höhlen zu finden sind. Dass es sich hierbei um sehr seltene Überreste eines urzeitlichen Menschen handelte, erkannte als Erster der herbeigerufene Realschullehrer Johann Carl Fuhlrott (1803–1877) aus Wuppertal-Elberfeld, der im Bergischen Land einen guten Ruf als Forscher und Sammler genoss. Auch die ersten anatomisch modernen Menschen *(Homo sapiens sapiens)*, die ab etwa 35.000 Jahren in Europa nachweisbar sind, haben den Höhlenbären gekannt. Egal, ob dieses Raubtier bereits vor 28.000 oder erst vor rund 18.000 oder 15.000 Jahren ausgestorben ist. Diese Vorfahren werden als Jetztmenschen, Neumenschen oder nach einem europäischen Fundort als Crô-Magnon-Menschen bezeichnet.

Der Jetztmensch *Homo sapiens sapiens* erreichte eine Körpergröße bis zu 1,80 Meter, er hatte ein stark verkleinertes, grazilisiertes Gesichtsskelett, eine steile Stirn und ein markant vorspringendes Kinn. Die Jetztmenschen schufen vor mehr als 30.000 Jahren die ersten Kunstwerke der Menschheitsgeschichte (darunter auch

Der Jetztmensch –
hier eine Frau aus der Kulturstufe
des Magdalénien
(etwa 18.000 bis 11.500 Jahre) –
trug bereits Schmuck.

Darstellungen des Höhlenbären), trugen Schmuck und erfanden neue Waffen (Speerschleuder, Harpune, Pfeil und Bogen) sowie neue Werkzeuge (Nähnadel).

Der Prähistoriker Dietrich Mania aus Jena
führte in Bilzingsleben (Kreis Artern) in Thüringen
Ausgrabungen durch. Dort hatten sich vor
etwa 370.000 Jahren Frühmenschen aufgehalten.

148

Die Jagd
auf Höhlenbären

Im Eiszeitalter zwischen etwa 400.000 und 300.000 Jahren waren Frühmenschen der Art *Homo erectus* bereits technisch in der Lage, Jagd auf Bären machen zu können. Denn damals standen ihnen schon wirkungsvolle Waffen wie Stoßlanzen und Wurfspeere zur Verfügung. Das belegen Funde von acht etwa 1,80 bis 2,50 Meter langen Speeren im Baufeld Süd des Braunkohlentagebaus Schönfeld (Landkreis Helmstedt) in Niedersachsen. Diesen Sensationsfund hat der Prähistoriker Hartmut Thieme aus Hannover entdeckt.

Dass die damaligen Frühmenschen tüchtige und mutige Jäger waren, zeigen Funde aus Bilzingsleben am Rand des Wippertals (Kreis Artern) in Thüringen. Dort jagten Frühmenschen vor rund 370.000 Jahren den Waldelefanten, Steppenelefanten, das Waldnashorn, Steppennashorn, den Wisent, das Wildpferd, den Rothirsch, Damhirsch, Biber, Bären, das Reh, Wildschwein, den Fuchs, Dachs, Löwen und Affen. Jagdbeutereste dieser Tiere kamen bei Ausgrabungen des Jenaer Prähistorikers Dietrich Mania im ehemaligen Steinbruch „Steinrinne" zum Vorschein.

Der aufgerichtet bis zu mehr als drei Meter große Höhlenbär mit seinem furchterregenden Gebiss und den kräftigen Tatzen war keine leichte Beute für die Jäger der damaligen Zeit. Die Steinzeitmenschen mussten ihm von Angesicht zu Angesicht gegenübertreten und einen günstigen Augenblick abwarten, ehe sie dem muskulösen Tier eine Stoßlanze in den Leib rammen konnten. Vermutlich führte ein einziger Stoß nicht sofort zum Tode, weshalb weitere Lanzenstiche oder wuchtige Hiebe mit schweren Keulen folgen mussten. Bei dieser gefährlichen Jagd dürfte mancher Jäger schwer verletzt worden sein.

Wie ein Fund aus einer Mergelgrube von Lehringen an der Aller (Kreis Verden) in Niedersachsen zeigt, haben die Stein-

Neandertaler
bei der lebensgefährlichen Jagd
auf einen Höhlenbären.
Zeichnung von Fritz Wendler
aus dem Buch
„Deutschland in der Steinzeit"
von Ernst Probst.
Sie greifen ihn
mit Lanze,
brennender Fackel,
Keule und
mit großen Steinen an.

zeitmenschen vor etwa 100.000 Jahren selbst die großen Waldelefanten nicht gefürchtet. Dort fand man eine 2,24 Meter lange Holzlanze, die im Skelett eines ausgestorbenen Europäischen Waldelefanten bzw. Eurasischen Altelefanten steckte. Solche Rüsseltiere erreichten eine Schulterhöhe bis zu 4,20 Metern. Der heutige afrikanische Waldelefant gehört zur Art *Loxodonta cyclotis*.

Zu den ältesten Jagdbeuteresten von Steinzeitmenschen in Österreich gehören Schädel von Höhlenbären mit Hiebverletzungen über der Nasenwurzel, die in der Drachenhöhle bei Mixnitz in der Steiermark gefunden wurden. Auffällig viele Hand- und Fußknochen vor allem von jungen Höhlenbären deuten darauf hin, dass diese Teile der Jagdbeute besonders gerne verspeist wurden. Die Funde aus der Drachenhöhle stammen aus der Zeit der späten Neandertaler vor etwa 115.000 bis 35.000 Jahren. In die selbe Zeit gehören auch die ältesten Jagdbeutereste von Höhlenbären in der Schweiz. Solche Jagdbeutereste wurden in zahlreichen Höhlen des Jura und der Voralpen entdeckt.

Vielleicht haben Steinzeitmenschen teilweise auch ohne Gefahr für ihr Leben den ansonsten schwer bezwingbaren Höhlenbären während seines Winterschlafes oder seiner Winterruhe in einer Höhle getötet. Wenn ein Bär steif und bewegungsunfähig in einer Höhle lag, hätte ein Lanzenstich an die richtige Stelle genügt und das betreffende Tier wäre nicht mehr aufgewacht.

Wenig wahrscheinlich ist die Jagd auf Höhlenbären mit Fangschlingen, wie man sie in der Drachenhöhle bei Mixnitz vermutet hatte, und mit Gruben, was man in der Schweiz geglaubt hatte. Höhlenbären waren viel zu vorsichtig, um in einer Schlinge gefangen werden zu können. Zudem hätten sie sich mit ihrem kurzen, dicken und kräftigen Hals leicht aus einer Schlinge befreien können. Für das Ausheben einer Grube ausreichender Größe zwecks Fang von Höhlenbären war der Boden über dem Felsuntergrund einer Höhle nicht immer dick genug.

Es gilt als unwahrscheinlich, dass Steinzeitmenschen das Verschwinden des Höhlenbären ausgelöst haben. Zwar befanden sich häufig Bärenknochen und Werkzeuge des Menschen in denselben Schichten, aber die Tiere und die Jäger müssen sich deswegen nicht zum gleichen Zeitpunkt in der Höhle aufgehalten haben.

Es gibt keine Anhaltspunkte dafür, dass sich Urmenschen ausschließlich auf die Höhlenbärenjagd spezialisiert hätten. Die Neandertaler von Königsaue in Sachsen-Anhalt zum Beispiel erlegten vor etwa 55.000 Jahren in Nähe des ehemaligen Ascherslebener Sees Rentiere, Wildpferde, Wisente, Mammute, Fellnashörner, Wildesel und Rothirsche.

Nach ihren Jagdbeuteresten zu schließen, haben sich auch die Jäger in der Kulturstufe des Aurignacien (etwa 35.000 bis 29.000 Jahre) nicht auf bestimmte Wildarten spezialisiert. Statt dessen beuteten sie in verschiedenen Teilen ihres Schweifgebiets die saisonal unterschiedlich zusammengesetzte Tierwelt aus und brachten Wildpferde, Rentiere, Mammute und Fellnashörner zur Strecke. In höhlenreichen und hochgelegenen Gebieten dürfte vor allem die mit mancherlei Risiken verbundene Jagd auf Höhlenbären betrieben worden sein.

Die Jäger aus dem Aurignacien versahen ihre Holzlanzen und -speere mit aus Tierknochen oder Mammutelfenbein geschnitzten Spitzen. Es gab solche mit gespaltener Basis und andere mit massiver Basis, die Lautscher Spitzen genannt werden. Die Knochenspitzen vom Lautscher Typ ohne gespaltene Basis sind zuerst aus den Tropfsteinhöhlen von Mladec (früher Lautsch) bei Litovel (Littau) in Mähren (Tschechien) beschrieben worden. Als berühmteste dieser Höhlen gilt die Höhle Bockova dira (früher Fürst-Johann-Höhle), in der zahlreiche Entdeckungen gelangen.

Ungewöhnlich viele solcher Lautscher Spitzen mit einer Länge bis zu 30 und mehr Zentimetern wurden in der Höhle Potocka zijalka bei Solvaca in den Karawanken (Slowenien) entdeckt. Dort fand man neben zahlreichen Höhlenbärenknochen auch nahezu 130 Lautscher Spitzen und Steingeräte aus dem Aurignacien. Als eine Sonderform des Aurignacien gilt das nach Funden aus der

Höhle Potocka zijalka in der Olseva (einem Gebirgsstock der Ostkarawanken) bezeichnete Olschewien. Den Begriff Olschewien hat 1928 der Wiener Prähistoriker Josef Bayer (1882–1931) vorgeschlagen.

Die Funde aus der Höhle Potocka zijalka nährten allerlei Spekulationen. Manche Forscher glaubten zum Beispiel, die Lautscher Spitzen könnten aus Knochen von Höhlenbären, die schon lange in der Höhle gelegen hatten, angefertigt worden sein. Andere Gelehrte meinten, die Spitzen könnten durch Höhlenbären, die durch zahlreiche Lanzen- oder Speerspitzen verletzt worden seien, in die Höhle gelangt sein.

Bärenjagd im Mittelalter.
Bild von Augustin Hirsvogel (1503–1553) aus Nürnberg.
Original in der Albertina, Wien

Die „Höhlenbärenjäger-Kultur"

Der deutsche Prähistoriker Lothar Zotz (1889–1967) prägte 1938
den Begriff „Höhlenbärenjäger-Kultur". Darunter verstand er
eine Gruppe von verschiedenen Kulturstufen, bei der die Jagd
auf Höhlenbären eine wichtige Rolle gespielt haben soll. An ihren
Anfang stellte Zotz das „Alpine Paläolithikum".
Den Begriff „Alpines Paläolithikum" hatte bereits 1908 der
schweizerische Heimatforscher, Lehrer und Museumsleiter Emil
Bächler aus St. Gallen vorgeschlagen. Als Besonderheiten dieser
Kulturstufe galten laut Bächler Höhlen im Alpengebiet in mehr
als 1000 Meter Höhe, weitgehende Verwendung von Tierknochen
bei der Herstellung von Werkzeugen sowie die Opferung der
besten Beutestücke, die zumeist von Höhlenbären stammten.
Vor allem die Knochenwerkzeuge und der Bärenkult werden
heute nicht mehr anerkannt. Deshalb spricht man inzwischen
nicht mehr von einem „Alpinen Paläolithikum".
Als Synonym für das „Alpine Paläolithikum" galt früher die
„Wildkirchli-Kultur". Diesen Begriff hat 1931 der österreichische Prähistoriker Oswald Menghin (1888–1973) geprägt. Er
fußte auf Funden aus der Höhle Wildkirchli im Ebenalpstock
des Santisgebirges im schweizerischen Kanton Appenzell. Auch
der Begriff „Wildkirchli-Kultur" konnte sich nicht behaupten.
Die früher dem „Alpinen Paläolithikum" und der „Wildkirchli-
Kultur" zugerechneten Funde stuft man heute in das späte
Moustérien ein. Die Kulturstufe Moustérien (etwa 125.000 bis

Bild auf Seite 154:

Frühe Jetztmenschen
zur Zeit des Aurignacien (etwa 35.000 bis 29.000 Jahre)
bei der Mammutjagd

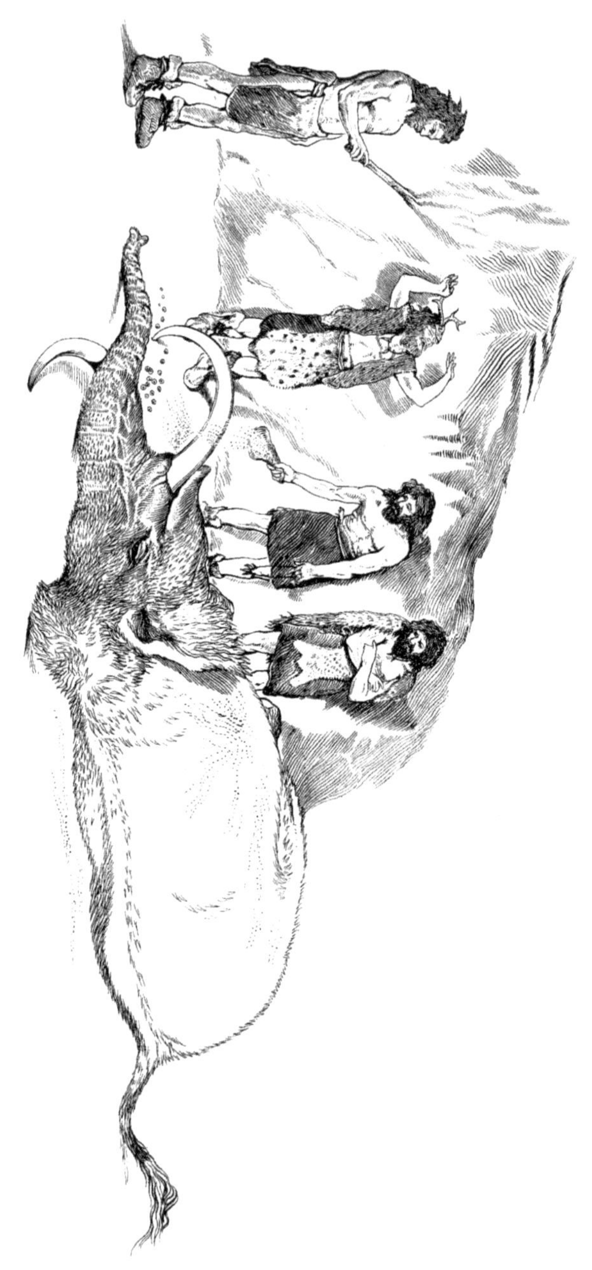

40.000 Jahre) wurde 1869 von dem französischen Prähistoriker
Gabriel de Mortillet (1821–1898) eingeführt. Namengebender
Fundort ist die Höhle von Le Moustier bei Les Eyzies-de-Tayac
(Departement Dordogne) in Frankreich. Das Moustérien gilt als
bedeutendste und fundreichste Kulturstufe der Neandertaler in
der mittleren Altsteinzeit.

Auch die frühen eiszeitalterlichen Jetztmenschen in Mitteleuropa
stellten nicht ausschließlich dem Höhlenbären nach. Dies belegen
rund 30.000 Jahre alte Jagdbeutereste aus der Vogelherdhöhle
(Kreis Heidenheim) in Baden-Württemberg. Dort fand man
Knochen vom Mammut, Wildpferd, Rentier, Fellnashorn und
Höhlenbären sowie etwas seltener vom Wolf, Fuchs, Eisfuchs,
Vielfraß, Wildrind, der Gemse und vom Hirsch.

Bild auf Seite 156:

Versöhnungszeremonie
von Jägern aus dem Gravettien
(etwa 28.000 bis 21.000 Jahre)
für ein getötetes Mammut

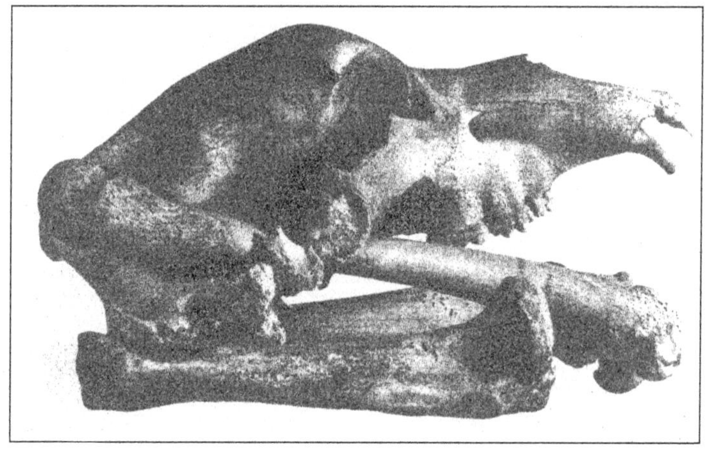

Angeblich in einer Steinkiste gefundener Höhlenbärenschädel
aus dem Drachenloch bei Vättis (Kanton Sankt Gallen).
Der Schädel liegt auf zwei Schienbeinen. Zwischen Schläfenbein
und Jochboben ist ein Oberschenkelknochen verkeilt.

Der Höhlenbärenkult

In der Literatur und im Film ist manchmal von einem geheimnisvollen Kult zur Zeit der Neandertaler, in dessen Mittelpunkt der imposante und furchterregende Höhlenbär gestanden haben soll, die Rede. Ausdruck dieses Kults sollen Bärenopfer in Höhlen und gewisse Darstellungen der Höhlenkunst in Frankreich gewesen sein.

Zeugnisse für einen Höhlenbärenkult glaubte man in den Höhlen Drachenloch bei Vättis, Wildkirchli und Wildenmannisloch in der Schweiz, Drachenhöhle bei Mixnitz und Salzofenhöhle in Österreich sowie in der Petershöhle bei Velden in Deutschland gefunden zu haben.

Maßgeblichen Anteil an den Theorien einer Höhlenbärenjäger-Kultur und eines Höhlenbärenkultes hatte der schweizerische Heimatforscher, Lehrer und Museumsleiter Emil Bächler aus Sankt Gallen. Er hatte von 1917 bis 1923 zusammen mit dem Lehrer Theophil Nigg (1880–1957) aus Vättis in der 2475 Meter hoch in den Alpen gelegenen Höhle Drachenloch umfangreiche Grabungen vorgenommen. Dabei meinte er, Mahlzeitreste der Neandertaler in Form von aufgeschlagenen Höhlenbärenknochen, Werkzeuge aus Höhlenbärenknochen und ungewöhnliche Deponierungen von Höhlenbärenschädeln und anderen Knochen entdeckt zu haben.

Im Drachenloch bei Vättis (Kanton Sankt Gallen) lagen zwischen bzw. auf Steinplatten einige Höhlenbärenschädel, die bei Emil Bächler den Eindruck erweckten, als seien sie sorgfältig deponiert worden. Mehrere Höhlenbärenschädel lagen anscheinend in einer Art Steinkiste und einzelne Schädel waren mit Steinplatten umgeben worden. Die Schädel wirkten auf Bächler so, als seien sie genau ausgerichtet worden. Bei einem einzeln niedergelegten Höhlenbärenschädel war der Oberschenkelknochen zwischen Schläfenbein und Jochbogen verkeilt und konnte erst nach mehreren Versuchen dank sorgfältiger Drehung entfernt werden.

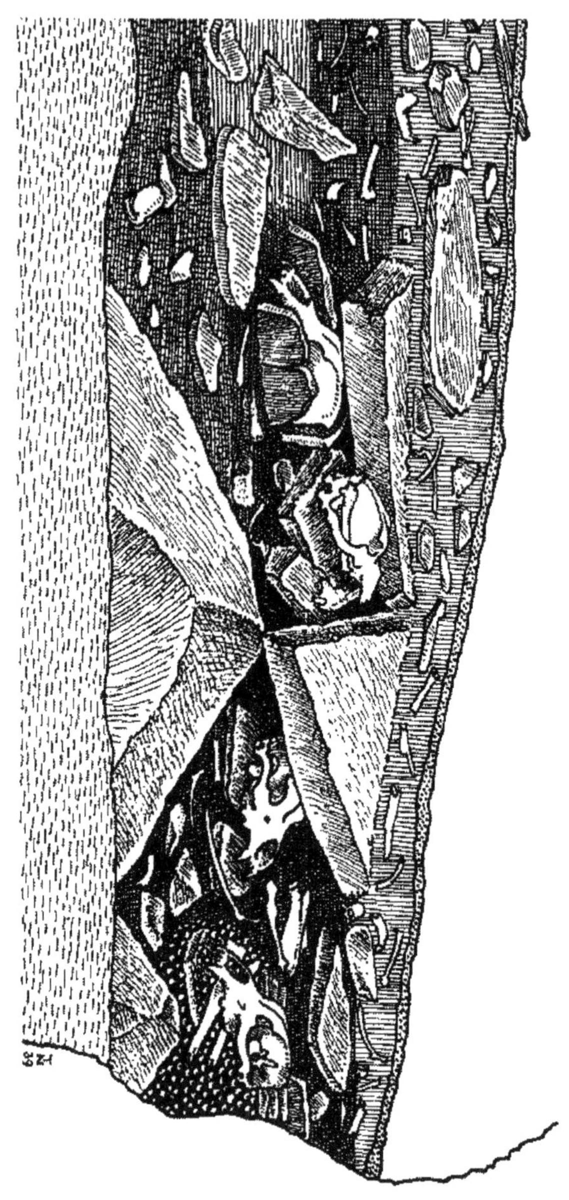

Von 1923 bis 1927 nahm Emil Bächler in der in 1628 Meter
Höhe gelegenen Höhle Wildenmannisloch am Nordhang des
Seluns, einem der sieben Churfirsten (Kanton Sankt Gallen)
umfangreiche Grabungen vor. Dort entdeckte er angeblich
Höhlenbärenschädel in besonders geschützten Felsnischen.
Im Wildkirchli im Säntisgebirge (Kanton Appenzell) sollen laut
Emil Bächler Höhlenbärenschädel in steinernen Gräbern
deponiert worden sein. Auch dies wird heute von Experten stark
bezweifelt.
1940 veröffentlichte Emil Bächler seine aufsehenerregenden
Beobachtungen und Deutungen. Er schrieb, die Bedeutung seiner
Funde sei ihm erst durch einen Seitenblick in die Ethnologie
klar geworden. Er verwies auf Jagdbräuche kaukasischer Völker,
die Knochen, Schädel, Geweih und Gehörn erlegter Wildtiere
an bestimmten Orten deponierten. Solche Plätze wurden in alten
Reiseberichten als Opferaltäre beschrieben. Analog zu diesen
Angaben vermutete Bächler, die Funde im Drachenloch seien in
ähnlicher Absicht niedergelegt worden. Dort habe der Urmensch
Schädel und Knochen seines wichtigsten Jagdtieres, des Höhlenbären, ebenfalls als Opfer für eine Gottheit niedergelegt. Bächler
war fest davon überzeugt, den archäologischen Beweis für einen
„Uropferkult" aus der Steinzeit erbracht zu haben. Solche
Schädelsetzungen hätten zu einem Jagdzauber gehört, wie er von
bärenjagenden Naturvölkern des Nordens überliefert ist.

Zeichnung auf Seite 160:

Höhlenbärenschädel im Drachenloch bei Vättis
(Kanton Sankt Gallen) in der Schweiz.
Sie erweckten bei Emil Bächler den Eindruck,
als seien sie sorgfältig zwischen
oder auf Steinplatten deponiert worden.

*Der Paläontologe Florian Heller (1905–1978) aus Erlangen
beschrieb einen rituell deponierten Höhlenbärenschädel aus der Höhle
Hohler Stein bei Schambach (Kreis Eichstätt) in Bayern.*

Von 1950 bis 1964 führte der Wiener Paläontologe Kurt Ehrenberg (1896–1979) in der in 2005 Meter Höhe gelegenen Salzofenhöhle im Toten Gebirge (Steiermark) Grabungen durch. Bei der Untersuchung noch nicht wissenschaftlich erforschter Höhlenbereiche traf er sechs Fundsituationen an, die er als sorgfältige Deponierung von Höhlenbärenschädeln deutete. Manche Schädel lagen in Nischen, die von Steinen und weiteren Knochen umgeben waren. Ein Schädel ruhte auf einer Steinplatte und schien mit einer weiteren Steinplatte abgedeckt worden zu sein. Ehrenberg interpretierte diese Funde als Schädelsetzungen in schwer zugänglichen Bereichen der weitverzweigten Höhle und bezeichnete die Fundplätze als „Kulträume" von Steinzeitmenschen.

Bärenkulte wurden noch in historischer Zeit bei nordasiatischen und nordamerikanischen Naturvölkern praktiziert. Sinn dieser Zeremonien war es, die getöteten Bären wieder zum Leben zu erwecken und sich auf diese Weise mit ihnen zu versöhnen. Bei manchen Indianerstämmen besänftigten Jäger, die einen Bären erlegt hatten, erst dessen Geist und Ahnen, bevor sie sein Fleisch aßen.

Höhlenbärenschädel in auffälliger Lagerung will der Amateur-Archäologe Konrad Hörmann (1859–1933) aus Nürnberg in der in etwa 495 Meter Höhe befindlichen Petershöhle bei Velden im Viehtriftberg (Fränkische Alb) in Deutschland angetroffen haben. Er beschrieb Haufen mit bis zu 14 Höhlenbärenschädeln, in Felsnischen deponierte Schädel und Skelettknochen sowie einen an Stirn und Hinterhaupt zerstörten Schädel, der unter einer Steinplatte lag und vollkommen von Holzkohle umgeben war. Die Petershöhle wurde von 1914 bis 1928 von Hörmann erforscht und von ihm als „Heiligtum altpaläolithischer Horden" gedeutet.

Die Funde aus der Petershöhle haben den österreichischen Prähistoriker Oswald Menghin (1888–1973) aus Wien bewogen, dafür 1931 den Begriff „Veldener Kultur" vorzuschlagen. Doch dieser Name wurde von anderen Experten nicht akzeptiert.

1957 beschrieb der Erlanger Paläontologe Florian Heller (1905–
1978) einen rituell deponierten Höhlenbärenschädel aus der
Höhle Hohler Stein bei Schambach (Kreis Eichstätt) in Bayern.
Er war bei der Untersuchung von Funden auf die linke Unter-
kieferhälte eines Höhlenbären gestoßen, die zu einem Schädel
und einer rechten Kieferhälfte passte. Laut Beschriftung waren
diese zusammengehörenden Funde etwas voneinander entfernt
und in unterschiedlichen Fundschichten eingebettet. Diese
Fundsituation wurde von Heller mit der kultischen Handlung
eines Steinzeitmenschen erklärt, der die Funde absichtlich
voneinander getrennt niedergelegt habe.
Mit dem Höhlenbärenkult in Verbindung gebracht wurden auch
Funde aus Höhlen in Frankreich, Kroatien, Ungarn, Polen und
Slowenien, die der jeweilige Ausgräber bzw. Bearbeiter als
ungewöhnlich betrachtete.
Der französische Prähistoriker André Leroi Gourhan (1911–
1986) entdeckte bei einer Grabung in der Caverne des Furtins
(Departement Saone-et-Lôire) seltsame Funde. Nämlich Höhlenbärenschädel zwischen Blöcken und in Nischen sowie Schädel
von Jungbären auf einem Felsblock in der Mitte der Höhle und
mehrere Schädel in einer Art Halbkreis an der Höhlenwand.
Außerdem lagen einige Langknochen bei den Schädeln.
Der Ausgräber Mirko Malez schilderte aus der Höhle Veternica
in Kroatien sechs ungewöhnliche Fundsituationen. In zwei
Nischen lagen jeweils ein Höhlenbärenschädel zusammen mit
weiteren Bärenknochen. Die Funde wurden durch Steinblöcke
geschützt, mit denen man die Nischen verschlossen hatte. In
einer weiteren Nische befanden sich der Schädel und mehrere
Knochen eines Wolfes. An einer anderen Stelle der Höhle lagen
vier Höhlenbärenschädel sowie Knochen von Bär und Wolf
beieinander. Entlang der Höhlenwand hatte man sechs weitere
Höhlenbärenschädel aufgereiht, deren Schnauzen zum Höhlen-
eingang wiesen. Zum Fundgut gehörten außerdem vor allem
Unterkieferhälften und Schulterblätter. An einer Feuerstelle lag
ein Höhlenbärenschädel, dessen linken Jochbogen ein Steinzeit-

164

mensch absichtlich entfernt haben soll, um den Schädel an die Steinumrandung der Feuerstelle anzupassen. Malez deutete diese Funde als Relikte eines Höhlenbärenkultes.

In der Höhle Istállósko im Bükkgebirge (Ungarn), in der Reyersdorferhöhle im heutigen Polen und in der Höhle Mornova bei Velenja in Slowenien wurden angeblich Höhlenbärenschädel in Nischen beobachtet und als rituelle Depositionen betrachtet. Drei Höhlenbärenschädel sollen in der Kölyukhöhle bei Mánfa im Bükkgebirge in einer flachen Mulde so niedergelegt worden sein, dass ihre Schnauzen zueinander wiesen.

Große und gefährliche Bären haben Menschen – auch nach dem Aussterben des Höhlenbären – stark fasziniert. Bei den ab 500 v. Chr. nachweisbaren Germanen zum Beispiel fürchtete man in Bärenfelle gekleidete Krieger, die so genannten Berserker, ganz besonders. Und bei den Kelten galt Beowulf, der Sohn eines Bären und einer Menschenfrau, als Sagenheld.

Mutmaßliche Darstellung eines Berserkers
auf einer grmanischen Bronzeplatte aus Schweden

Der dänische Archäologe
Christian Jürgensen Thomsen (1788–1865)
aus Kopenhagen
teilte die Urgeschichte bzw. Vorgeschichte
in drei Zeitalter ein:
Steinzeit, Bronzezeit und Eisenzeit.

Werkzeuge, Kleidung, Schmuck
und Musikinstrumente
aus Zähnen und Knochen des Höhlenbären

Die Urgeschichte oder Vorgeschichte, also die Zeit seit dem
ersten Auftreten des Menschen bis zum frühesten Gebrauch der
Schrift, wurde 1836 durch den dänischen Archäologen Christian
Jürgensen Thomsen (1788–1865) aus Kopenhagen in drei
Zeitalter eingeteilt: die Steinzeit, die Bronzezeit und die Eisenzeit.
Diese Gliederung beruht auf dem in diesen Abschnitten jeweils
am meisten verwendeten Rohstoff für Werkzeuge und Waffen
und gilt heute noch. Da der Gebrauch von Stein, Bronze und
Eisen zu unterschiedlichen Zeiten einsetzte, können der Beginn
und das Ende von Steinzeit, Bronzezeit und Eisenzeit in jedem
Erdteil, Land oder sogar Bundesland anders datiert sein.
1861 wollte der französische Rechtsanwalt und Prähistoriker
Édouard Lartet (1801–1871) aus Paris die Urgeschichte in Epo-
chen einteilen, die er nach der jeweils vorherrschenden Tierart
benannte. Den ältesten Abschnitt bezeichnete er als Zeitalter
des Höhlenbären. Es folgten Abschnitte, in denen das Mammut,
das Rentier und der Auerochse (Ur) überwogen. Doch diese
Einteilung konnte sich nicht durchsetzen.
1869 führte der französische Prähistoriker Gabriel de Mortillet
(1821–1898) aus Saint-Germain-en-Laye das erste chrono-
logische System der Altsteinzeit mit vier Stufen ein, das auf der
Abfolge von typischen Steinwerkzeugen beruhte: Moustérien
nach dem Fundort Le Moustier, Aurignacien nach Aurignac,
Solutréen nach Solutré und Magdalénien nach La Madeleine.
Diese Gliederung wurde in der Folgezeit durch weitere Kulturstufen – wie das Micoquien, Gravettien und andere – ergänzt
und somit immer mehr verfeinert.
1931 versuchte der österreichische Prähistoriker Oswald Menghin, eine „Europäische Knochenkultur" als Vorstufe zur

*Französischer Rechtsanwalt
und Prähistoriker
Édouard Lartet (1801–1871)
aus Paris*

*Französischer Prähistoriker
Gabriel de Mortillet (1821–1898)
aus Saint-Germain-en-Laye*

Verwendung von Steinwerkzeugen einzuführen. Menghin hatte von einer „Europäischen Knochenkultur" gesprochen, weil in bestimmten Höhlen Steinwerkzeuge viel seltener waren als Knochenwerkzeuge oder – wie in der Höhle von Kölyuk in Ungarn – sogar ganz fehlten. Doch dieser Begriff konnte sich nicht behaupten.

Auch in der so genannten „Höhlenbärenjäger-Kultur" spielten Steinwerkzeuge angeblich keine große Rolle. Den Begriff „Höhlenbärenjäger-Kultur" hatte 1938 der deutsche Prähistoriker Lothar Zotz vorgeschlagen. Darunter verstand er – wie erwähnt – eine Gruppe von verschiedenen Kulturstufen, bei der die Jagd auf den Höhlenbären im Mittelpunkt gestanden haben soll.

Die Vorstellungen über eine „Europäische Knochenkultur" oder eine „Höhlenbärenjäger-Kultur" mussten im Laufe der Zeit durch neue Funde und Erkennisse immer mehr revidiert werden, bis sie schließlich als überholt galten. Trotzdem haben die Steinzeitmenschen in einem gewissen Maß auch Werkzeuge, Waffen, Kleidungszubehör, Schmuck und Musikinstrumente aus Tierknochen oder -zähnen (darunter auch solche vom Höhlenbären) angefertigt.

Als einer der wenigen Belege für Knochenwerkzeuge aus der Zeit der späten Neandertaler werden zum Beispiel zwei Unterkieferhälften vom Höhlenbär aus der Großen Grotte bei Blaubeuren (Kreis Ulm) in Baden-Württemberg diskutiert, die man offenbar als Schlagwerkzeuge hergerichtet hatte. Außer dem letzten Backenzahn und dem Eckzahn entfernte man alle anderen Zähne. Sämtliche scharfgratigen Teile wurden geglättet, damit die Finger, die den Unterkiefer hielten, nicht verletzt werden konnten. Der bewusst stehengelassene Eckzahn bot der Handkante ein sicheres Widerlager gegen ein Ausrutschen des Unterkiefers.

Löcher in Höhlenbärenknochen sind oft fälschlicherweise als Bearbeitungsspuren der Steinzeitmenschen gedeutet worden. In Wirklichkeit waren sie häufig durch den Biss eines eiszeitalterlichen Wolfes entstanden. Oder es handelte sich um Knochen, die von ständigem Tropfwasser in einer Höhle durchlocht wurden.

Als Lampen betrachtete man ehedem Beckenfragmente von Höhlenbären mit einer halbkugeligen Aushöhlung. Diese Vertiefung hätte man mit Fett füllen, darin einen Docht legen und diesen bei Bedarf anzünden können. Auf ähnliche Weise wurden in späteren Kulturen der Steinzeit ausgehöhlte Steinlampen genutzt.

Manche Bruchstücke von Höhlenbären-Eckzähnen und -Rippen wurden früher von Forschern als Klingen oder Knöpfe an der Kleidung von Steinzeitmenschen gedeutet. Solche Funde liegen zum Beispiel aus der Schwabenreithhöhle bei Lunz am See in Niederösterreich vor.

Eckzähne vom Höhlenbären waren für Steinzeitmenschen sicherlich begehrte Trophäen. Zwei durchbohrte Eckzähne aus der Bocksteinhöhle auf der Schwäbischen Alb in Baden-Württemberg werden in das Aurignacien (etwa 35.000 bis 29.000 Jahre) datiert. Sie dürften Jetztmenschen als Schmuckstücke oder Amulette gedient haben. Diese durchbohrten Eckzähne sollten vielleicht dem Träger magischen Schutz oder magische Kraft verleihen.

Unterkieferfragmente und Langknochen des Höhlenbären mit mehreren Löchern in einer Reihe wurden von manchen Forschern sogar als Flöten betrachtet. Wenn dies wahr gewesen wäre, hätten diese Funde zu den ältesten Musikinstrumenten der Menschheit gehört.

In dem Buch „Rekorde der Urmenschen" (2008) von Ernst Probst werden die späten Neandertaler aus der Zeit zwischen etwa 115.000 und 35.000 Jahren als erste Musiker bezeichnet. Die Neandertaler in England (Pin Hole in den Creswell Crags) und Ungarn (Tata) zum Beispiel erzeugten mit Schwirrgeräten, die sie an einer langen Leine kreisen ließen, summende Töne. Derartig länglich-ovale Schwirrgeräte wurden aus Holz- oder Knochenstücken hergestellt.

Das Fell eines unter Lebensgefahr erlegten Höhlenbären dürfte vom Steinzeitmenschen nicht achtlos weggeworfen, sondern sinnvoll genutzt worden sein. Womöglich diente es in Behausungen oder Höhlen als Bodenbelag, auf dem man bequem liegen konnte.

*Viele Höhlenbilder
aus der jüngeren Altsteinzeit
zeigen keine Höhlenbären,
sondern Braunbären.
Das Foto des Syrischen Braunbären
(oben) entstand
im Tiergarten Nürnberg.*

*Darstellung
eines Braunbären
aus dem Magdalénien
(etwa 18.000
bis 11.500 Jahre)*

Höhlenbären in der
Kunst des Eiszeitalters

Die frühesten Darstellungen von Höhlenbären sind in der Kulturstufe des Aurignacien (etwa 35.000 bis 29.000 Jahre) entstanden. Namengebender Fundort ist die Höhle von Aurignac im Department Haute-Garonne. Der Begriff Aurignacien wurde 1869 durch den französischen Prähistoriker Gabriel de Mortillet eingeführt. Außer in Frankreich war diese Kulturstufe auch in Italien, Österreich, Deutschland und Tschechien verbreitet.

Der schweizerische Augenarzt und Höhlenforscher Frédéric-Édouard Koby aus Basel erwähnte 1961 insgesamt 16 Wanddarstellungen und 10 Objekte mit Bärenmotiven aus dem Aurignacien. Später kamen weitere solcher Kunstwerke dazu.

Bei den Kunstwerken aus dem späten Eiszeitalter bzw. der späten Altsteinzeit unterscheidet man zwischen Kleinkunst und Wandkunst. Als Kleinkunst gelten kleine bewegliche Objekte aus Stein oder Elfenbein, Reliefs auf Knochen und Horn sowie Umrisszeichnungen auf Stein, Geweihstücken, Knochen, Stoßzahnteilen vom Mammut sowie Malereien auf flachen Steinen. Dagegen bezeichnet man unbewegliche Darstellungen an Felswänden in Höhlen als Wandkunst.

15 eindeutige Darstellungen des Höhlenbären befinden sich unter den Tierbildern aus dem Aurignacien in der Chauvet-Höhle nahe der südfranzösischen Kleinstadt Vallon-Pont-d'Arc im Departement Ardèche. Diese im Dezember 1994 durch die französischen Speläologen Jean-Marie Chauvet, Eliette Brunel Deschamps und Christian Hillaire im Tal der Ardèche entdeckte Höhle enthält Bilder von Fellnashörnern, Wildpferden, Höhlenlöwen und anderen eiszeitlichen Tieren. Mit Hilfe der Radiocarbon-Methode (C14-Methode) konnten die mehr als 300 Wandbilder mit über 400 Tierdarstellungen in der Chauvet-Höhle

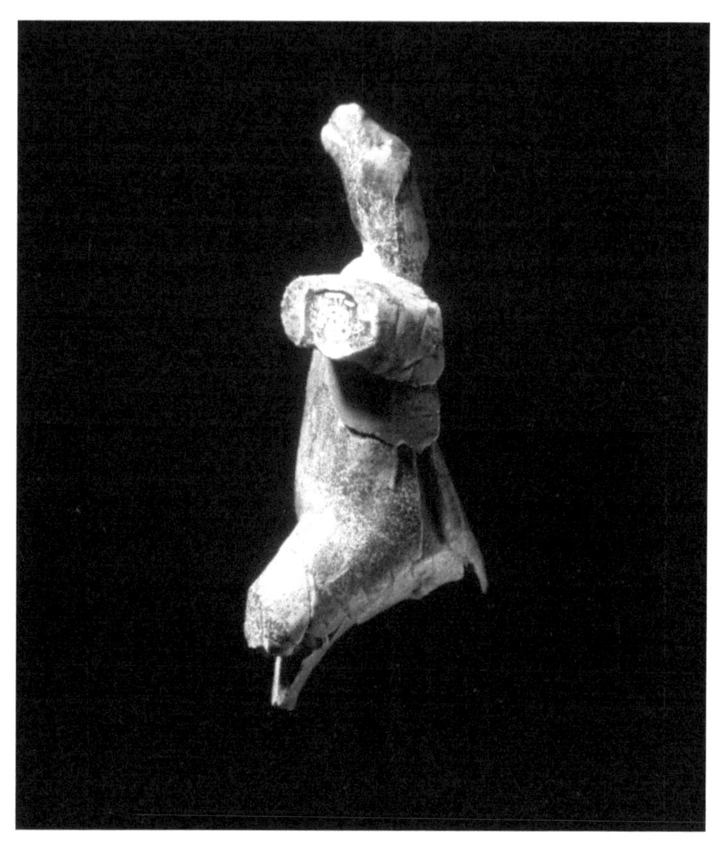

Aus Mammutelfenbein geschnitzte Figur
eines aufgerichteten Höhlenbären mit offenem Maul
in Droh- oder Angriffshaltung
aus der Geißenklösterlehöhle
bei Blaubeuren-Weiler
(Alb-Donau-Kreis) in Baden-Württemberg.
Größe der Tierfigur: etwa 5,5 Zentimeter hoch.
Der Originalfund wird im
Württembergischen Landesmuseum Stuttgart
aufbewahrt.

auf ein Alter zwischen etwa 33.000 und 30.000 Jahren datiert werden. Außer den Tierdarstellungen befanden sich in der Chauvet-Höhle zahlreiche Knochen von rund 400 Höhlenbären und etwa 15 anderen Tierarten sowie menschliche Fußspuren und steinerne Pfeilspitzen.

Nach Ansicht des französischen Prähistorikers Jean Clottes und des südafrikanischen Archäologen David Lewis-Williams sind die Tierdarstellungen in der Chauvet-Höhle von Schamanen (Priester bzw. Zauberer) geschaffen worden. Die Schamanen sollen sich beim Malen mit Hilfe halluzinogener Substanzen in Trance versetzt haben. Diese These ist in der Fachwelt aber sehr umstritten. Skeptiker sagen hierzu, nicht jede Höhlenmalerei sei aus spirituellen Motiven angefertigt worden.

Für die in der Chauvet-Höhle aktiven Maler und ihre Zeitgenossen war der Höhlenbär nach Auffassung vieler Experten ein heiliges Tier, zu dem auch spirituell Kontakt gesucht wurde. Auf einem flachen Felsblock mitten in der Höhle lag ein Höhlenbärenschädel, der offenbar von Menschenhand dort platziert worden ist. Fachleute deuten den Felsblock mit Höhlenbärenschädel als eine Art Altar.

Dass der imposante Höhlenbär im Aurignacien auch die Phantasie von Jägern in Süddeutschland erregt hat, belegt eine aus Mammutelfenbein geschnitzte kleine Tierfigur aus der Geißenklösterlehöhle bei Blaubeuren-Weiler (Alb-Donau-Kreis) in Baden-Württemberg. Die vor mehr als 30.000 Jahren geschaffene Plastik ist 5,5 Zentimeter hoch und stellt einen aufgerichteten Höhlenbären mit offenem Maul in Droh- oder Angriffshaltung dar. Der seltene Originalfund wird im Württembergischen Landesmuseum Stuttgart aufbewahrt. Aus der Geißenklösterlehöhle stammen auch Elfenbeinschnitzereien, die einen betenden Menschen oder Schamanen (Zauberer), das Mammut und den Wisent zeigen.

Aus der Kulturstufe des Gravettien (etwa 28.000 bis 21.000 Jahre) stammt eine aus Ton modellierte Bärenfigur von Dolni Vestonice (deutsch: Unterwisternitz) in Mähren (Tschechien). Den Begriff

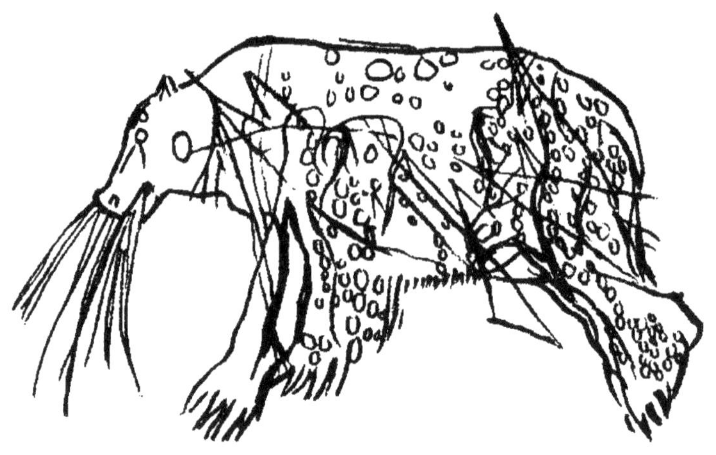

*Darstellung eines angeblich gesteinigten
und von Pfeilen getroffenen Braunbären
aus der Höhle Trois-Frères
(Departement Ariège) in Frankreich.
Auf hundert Bärendarstellungen
aus dem Eiszeitalter
ist nur auf rund fünf
ein von einem Pfeil
getroffener Bär zu erkennen.*

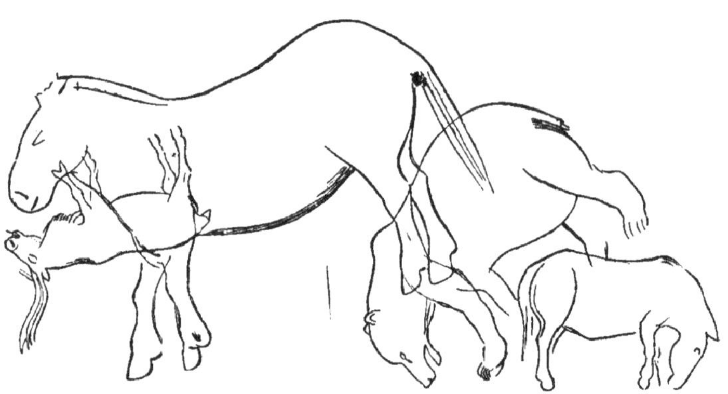

*Tierdarstellungen aus der Grotte de la Mairie
(Departement Dordogne) in Frankreich,
darunter ein Braunbär (2. Tier von rechts)*

176

Gravettien hat 1938 die englische Archäologin Dorothy Garrod (1892–1968) aus Cambridge geprägt. Namengebender Fundort ist die Halbhöhle La Gravette bei Bayac in der Dordogne (Frankreich). Die Stirn-Schnauzenlinie dieses 7,5 Zentimeter langen, 3,3 cm Zentimeter hohen und 2 Zentimeter dicken Kunstwerkes deutet – laut Ingmar M. Braun (Halle/Saale) und Wolfgang Zessin (Schwerin) – eher auf einen Braunbären als auf einen Höhlenbären hin.

Häufiger als im Aurignacien und Gravettien wurden Bären in der Kulturstufe des Magdalénien (etwa 18.000 bis 11.500 Jahre) dargestellt. Namengebender Fundort ist die Höhle von La Madeleine in Frankreich. Den Begriff Magdalénien hat 1869 ebenfalls der erwähnte Prähistoriker Gabriel de Mortillet erstmals verwendet. Wenn die Höhlenbären tatsächlich vor ungefähr 18.000 Jahren ausgestorben sind, haben die Künstler aus dem Magdalénien keine Höhlenbären mehr, sondern Braunbären dargestellt.

Der Höhlenforscher Frédéric-Édouard Koby erwähnte 1961 insgesamt 16 Wanddarstellungen und 10 Objekte mit Bärenmotiven aus dem Magdalénien. Der Bär befindet sich unter den zahlreichen Tiermotiven, die vor etwa 17.000 bis 15.000 Jahren in der Bilderhöhle von Lascaux im Tal der Vézère bei Montignac im Departement Dordogne (Frankreich) geschaffen wurden

Im Magdalénien entstand in der Höhle von Montespan bei Saint-Gaudens (Departement Hautes-Pyrénées) in Frankreich der aus Ton modellierte Körper eines Bären. Das etwa 1,10 Meter lange und rund 60 Zentimeter hohe Kunstwerk befindet sich an einer schwer zugänglichen Stelle in einem etwas erhöhten Seitengang, den man nach der Durchquerung eines Wasserlaufs erreicht. Dahinter befinden sich Reste der Plastik eines Höhlenlöwen ohne Kopf. Die Oberfläche dieser beiden Tierfiguren weist Löcher auf, die vermutlich durch Lanzen bei Initiationsfeiern junger steinzeitlicher Jäger entstanden sind. Bei solchen Feiern wurden männliche Jugendliche in den Kreis der Erwachsenen aufgenommen. Man spekuliert, der Körper des tönernen Bären in der

Höhle von Montespan sei mit einem Fell bedeckt gewesen. Bei der Entdeckung dieser Tierfigur lag zwischen ihren Vordertatzen noch ein Bärenschädel, den man der Tonfigur vermutlich aufgesteckt hatte.

Auf Jagddarstellungen aus der jüngeren Altsteinzeit wurden von den Künstlern mitunter ein oder mehrere Pfeile auf Tierkörper gezeichnet. Ein mutmaßliches Jagdbild aus der Höhle Trois-Frères (Departement Ariege) in Frankreich zum Beispiel zeigt angeblich einen gesteinigten und von Pfeilen durchbohrten Bären. Von hundert Bärendarstellungen weisen laut Frédéric-Édouard Koby nur fünf einen Pfeil oder mehrere Pfeile auf.

Der deutsche Paläontologe Cajus Diedrich aus Halle/Westfalen bezweifelt, dass es sich bei der Darstellung aus der Höhle Trois-Frères um ein Jagdbild handelt. Er hält es für wahrscheinlicher, dass dort ein Bärenpaar bei der Paarung dargestellt wurde, das stark transpiriert und dessen Atemluft unter kühlen Tagestemperaturen zu sehen ist. Die auf dieser Darstellung erkennbaren Kreise besitzen laut Diedrich schamanistischen Charakter.

Im Vergleich zu Darstellungen von Wildpferd, Bison, Rentier oder Mammut sind Bären merklich weniger auf Höhlenwänden, flachen Steinen und Platten abgebildet worden. Es ist aber nicht leicht, zu entscheiden, ob es sich dabei jeweils um einen Höhlenbären oder um einen Braunbären handelt. Weil die Umrisse der Bären schwarz gezeichnet oder eingeritzt und die Körper nicht bemalt wurden, weiß man nichts über die Fellfarbe der dargestellten Tiere. In der Literatur heißt es, das Fell des Höhlenbären sei wahrscheinlich graubraun bis dunkelbraun gewesen.

Gravierungen von Höhlenlöwen
aus dem Magdalénien vor etwa 17.000 bis 15.000 Jahren
in der Höhle von Lascaux im Tal der Vézère bei Montignac
im Departement Dordogne (Frankreich).
Maßstab unten rechts: 25 Zentimeter

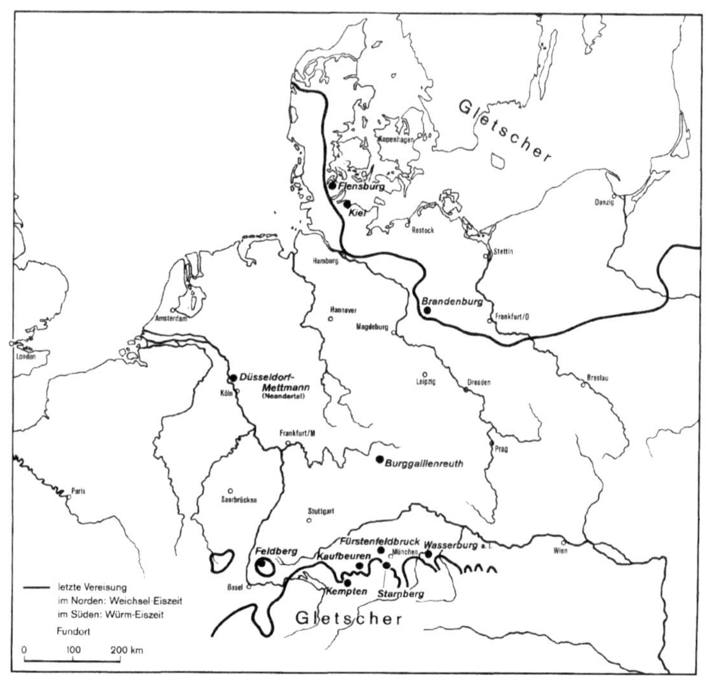

*Ausdehnung der Gletscher in Deutschland
in der Weichsel-Eiszeit (im Norden)
bzw. in der Würm-Eiszeit (im Süden).*

180

Das Aussterben

Die Bestände der Höhlenbären wurden nach Ansicht etlicher Autoren in Mitteleuropa bereits vor etwa 20.000 Jahren, also im Maximum der letzten Vereisung, ganz erheblich dezimiert. Damals breitete sich im Norden der weichsel-eiszeitliche Ostseegletscher bis Flensburg, Kiel, Hamburg und Brandenburg aus. Die würm-eiszeitlichen Alpengletscher im Süden bedeckten damals das Alpenvorland vom Bodensee bis nach Salzburg. Zwischen den nordischen und alpinen Gletschern lag ein etwa 600 Kilometer breites, eisfreies Gebiet.

Eventuell hat ein rascher und grundlegender Klimawechsel den letzten Höhlenbären den Lebensraum und – weil sie Pflanzenfresser waren – auch die Nahrungsgrundlage entzogen. Anfangs verließen die Höhlenbären vielleicht das Hochgebirge, als dort die Nahrung knapp wurde, und zogen ins Mittelgebirge und später in Talnähe. Womöglich wurden die Sommer immer kürzer und die Winter immer länger.

Das immer schlechter werdende Klima machte es den Höhlenbären sicherlich immer schwerer, sich genügend Fettreserven anzufressen, um durch die immer grimmigeren Winter zu kommen. Die Bestände der Höhlenbären schmolzen dahin und vor ungefähr 18.000 Jahren existierten diese Raubtiere nicht mehr. Nach anderen Autoren soll das Aussterben allerdings bereits vor rund 28.000 Jahren oder erst vor etwa 18.000 oder 15.000 Jahren erfolgt sein.

Die österreichische Paläontologin Martina Pacher aus Wien und der englische Paläontologe Anthony J. Stuart aus London kamen 2008 nach Untersuchungen und der Auswertung früherer Studien, laut denen der Höhlenbär vor etwa 15.000 Jahren ausgestorben sei, zu einer überraschenden Erkenntnis: Messfehler und Verwechslungen der Überreste des Höhlenbären mit dem heute noch existierenden Braunbären hätten dazu geführt, dass das Aussterben des Höhlenbären falsch datiert worden sei. Nach

Ansicht von Martina Pacher sind die Höhlenbären bereits vor etwa 27.800 Jahren wegen Nahrungsmangel verschwunden – rund 13.000 Jahren früher, als man bis dahin glaubte.

Über die Gründe für das Verschwinden der Höhlenbären kursieren zahlreiche Theorien, die aber mehr oder minder umstritten sind. Besonders waghalsig klingen Deutungen aus früheren Jahrhunderten über das Aussterben dieser Raubtiere, die aber heute kaum noch Anklang finden.

Nach einer alten und besonders phantasievollen Theorie sollen die ansteigenden Wassermassen der biblischen Sintflut große Mengen von Tieren – darunter auch Höhlenbären – vor Höhlen zusammengedrängt und in diese gestürzt haben. Als geolo-gischer Beweis hierfür betrachtete man den Lehm, in dem die Knochen steckten und der vermeintlich nur vom Wasser eingespült worden sein konnte.

Eine weitere Theorie über das Aussterben der Höhlenbären basiert auf krankhaften Veränderungen, die häufig an Knochen ihre Spuren hinterließen. Der österreichische Paläontologe Othenio Abel wies 1931 auf zahlreiche durch Arthritis veränderte Höhlenbärenknochen aus der Tischoferhöhle bei Kufstein im Kaisertal (Tirol) hin. Krankhafte Veränderungen an Höhlenbärenknochen hat man auch in der Drachenhöhle bei Mixnitz in der Steiermark gefunden. Die umfangreiche Aufzählung pathologischer Befunde – wie Knochenhautentzündung, Rachitis, knochenbildende Muskelentzündung und Zahnabszesse – nährte die Theorie, der Höhlenbär sei durch das Höhlenleben degeneriert und habe so sein Aussterben eingeleitet. Doch in Wirklichkeit kam die Häufung krankhafter Höhlenbärenknochen dadurch zustande, dass während des Abbaus der Höhlenbärenknochen enthaltenden Schichten als Phosphatdünger bevorzugt die abnormen Knochen beiseite gelegt wurden. Für normale Knochen hatte sich bei insgesamt rund 250.000 Kilogramm Bärenknochen kaum noch jemand interessiert. Die Untersuchung von Höhlenbärfunden aus der Herdengelhöhle bei Lunz am See (Niederösterreich) und in der Ramesch-

Knochenhöhle (Oberösterreich) zeigte, dass Erkrankungen von Knochen und Zähnen nur unwesentlich häufiger vorkamen als bei anderen Wildtieren.

Nicht überzeugend klingen Theorien, die Höhlenbären seien wegen einer Naturkatastrophe oder Epidemie ausgestorben. Ein so reicher Tierbestand wie derjenige der Höhlenbären mit einer so großen geographischen Verbreitung konnte nicht leicht vernichtet werden, meinen skeptische Experten.

Manche Forscher wie der österreichische Paläontologe Othenio Abel brachten das Aussterben der Höhlenbären mit Degenerationserscheinungen in Verbindung, die sie an Skeletten in geologisch jüngeren Schichten beobachtet haben wollten. Aber andere Fachleute bezweifeln diese Theorie.

Dass das Aussterben der Höhlenbären durch Steinzeitmenschen verursacht oder beschleunigt worden sein könnte, glaubt man heute nicht mehr. Die Gegner dieser Theorie verweisen darauf, dass damals die Besiedlungsdichte sehr gering war und der Höhlenbär nur selten gejagt wurde. In der Zeit zwischen dem Ende der Kulturstufe des Gravettien vor etwa 21.000 Jahren bis zum Beginn der nächsten Kulturstufe, dem Magdalénien, vor rund 15.000 Jahren waren zum Beispiel die Landstriche in West- und Ostdeutschland zeitweise menschenleer oder zumindest nur sehr dünn besiedelt.

Die Annahme, durch starke Bevölkerungszunahme im Aurignacien (etwa 35.000 bis 29.000 Jahre) und Magalénien (in Frankreich etwa 18.000 bis 11.500 Jahre, in Deutschland rund 15.000 bis 11.500 Jahre) hätten prähistorische Menschen die Höhlenbären aus Höhlen vertrieben, findet keine Gegenliebe. Im Moustérien (etwa 125.000 bis 40.000 Jahre) sollen in Deutschland, Österreich und der Schweiz jeweils nur einige hundert Neandertaler gelebt haben. Die Bevölkerung im Aurignacien (etwa 35.000 bis 29.000 Jahre) in Westdeutschland wird von manchen Autoren auf weniger als 25.000 Menschen geschätzt. Dies entspräche 0,1 bis 0,2 Personen pro Quadratkilometer und damit etwa der Bevölkerungsdichte der nord-

amerikanischen Indianer zu den Zeiten, bevor die Weißen kamen. „Heute leben in Westdeutschland etwa 245 Menschen auf einem Quadratkilometer, in Ostdeutschland 154", hieß es in dem Buch „Deutschland in der Steinzeit" (1991) von Ernst Probst.
In der Steinzeit wohnten die Jäger und Sammler meistens in Zelten und Hütten, die sie im Freiland errichteten. Sie betraten nur selten tiefe Höhlen, die von Höhlenbären aufgesucht wurden und haben diese Tiere demnach dort nicht verscheucht.
Auch die Tatsache, dass in der Drachenhöhle bei Mixnitz überwiegend Skelettreste von männlichen Höhlenbären gefunden wurden, diente als Erklärung für das Aussterben dieser Tierart. Doch dagegen spricht, dass in anderen Höhlen das Geschlechterverhältnis genau umgekehrt war.
Unbestritten ist, dass klimatische Faktoren für die Verbreitung und Wanderung von Tieren eine wichtige Rolle spielen. Doch man weiß nicht genau, wie stark der Einbruch eines kalten Kontinentalklimas mit einhergehender Verarmung und Änderung des Pflanzenbestandes das Verschwinden der Höhlenbären beeinflusst hat. Eine Auswanderung der Höhlenbären in südliche Gegenden scheint nicht erfolgt zu sein.
Zu Lebzeiten der eiszeitalterlichen Höhlenbären existierten in Europa und Asien auch schon die Braunbären *(Ursus arctos)*. Sie unterscheiden sich von den Höhlenbären unter anderem durch ihre etwa um ein Drittel geringere Körpergröße und kleinere Zähne. Außerdem wirkt ihr Schädel nicht so gedrungen wie derjenige der Höhlenbären. Aus den Braunbären gingen im Jungpleistozän (etwa 125.000 bis 11.700 Jahre) die Eisbären *(Ursus maritimus)* hervor.
Zum Aussterben des Höhlenbären vor etwa 18.000 oder 15.000 Jahren haben vermutlich klimatische Veränderungen und ein daraus resultierender Wandel der Vegetation, die als Lebensgrundlage gedient hatte, erheblich beigetragen. Weniger gravierend dürften die Bejagung durch damalige Menschen, degenerative Veränderungen, rheumatische Erkrankungen und stark von Karies befallene Kiefer gewesen sein.

184

Der Braunbär, der im Gegensatz zum Höhlenbär kein Pflanzenfresser, sondern ein Allesfresser ist, existierte auch nach dem
Kältemaximum vor etwa 18.000 Jahren weiter. Zu Beginn der
Wiedererwärmung vor rund 15.000 Jahren verbreitete er sich
wieder.

*Jagd auf Rentiere in der Würm-Eiszeit
in Süddeutschland. Gemälde von Fritz Wendler*

*Kampf mit dem Höhlenbären
aus dem Roman „Rulaman"
von David Friedrich Weinland
(1829–1915, Bild rechts):
Rul, der Vater von Rulaman,
und dessen Gefährte Repo
sind auf einen Baum geflüchtet,
an dessen Stamm
sich der Höhlenbär aufrichtet
und die rechte Pranke
bedrohlich nach Rul ausstreckt.*

Der Höhlenbär in Literatur, Film und Museen

Obwohl er bereits vor Jahrtausenden im Eiszeitalter nachkommenlos ausgestorben ist, kommt der Höhlenbär in der Literatur und im Film immer wieder zu Ehren. Dies liegt wohl an der Faszination, die große und gefährliche Raubtiere, mit denen Begegnungen einst lebensgefährlich waren, von jeher auf Menschen ausüben. Ähnliches kennt man vom Höhlenlöwen und von der Säbelzahnkatze, die man früher als Säbelzahntiger bezeichnete.

Der 1878 erschienene Jugendroman „Rulaman" mit abenteuerlichen Geschichten über einen gleichnamigen fiktiven Steinzeithelden zum Beispiel handelt von Höhlen, Höhlenbären, Höhlenlöwen und Höhlenmenschen. „Geistiger Vater" von Rulaman war der evangelische Pfarrerssohn und Zoologe David Friedrich Weinland (1829–1915).

Im Kapitel 8 des Romans „Rulaman" wird ein Kampf mit dem Höhlenbären namens Änak geschildert. Eine Zeichnung des Leipziger Buchillustrators und Tiermalers Heinrich Leutemann (1824–1905) zeigt den Höhlenbären im nächtlichen Kampf mit Rul, dem Vater von Rulaman, und dessen Gefährten Repo. Die beiden Männer sind auf einen Baum geflüchtet, an dessen Stamm sich der Höhlenbär aufrichtet und die rechte Pranke bedrohlich nach Rul ausstreckt. Wie dieser Kampf ausging, kann man in der heute noch im Buchhandel erhältlichen modernen Ausgabe von „Rulaman" von 2001 aus dem Knödler Verlag in Reutlingen nachlesen.

Eine wichtige Rolle spielt der Höhlenbär in dem Film „Ayla und der Clan des Bären" (1986), der auf dem ersten Teil einer fünfbändigen Romanreihe von Jean M. Auel basiert. Heldin dieses Streifens von Michael Chapman ist das kleine Mädchen Ayla aus der Zeit vor etwa 35.000 Jahren, das zu den ersten modernen

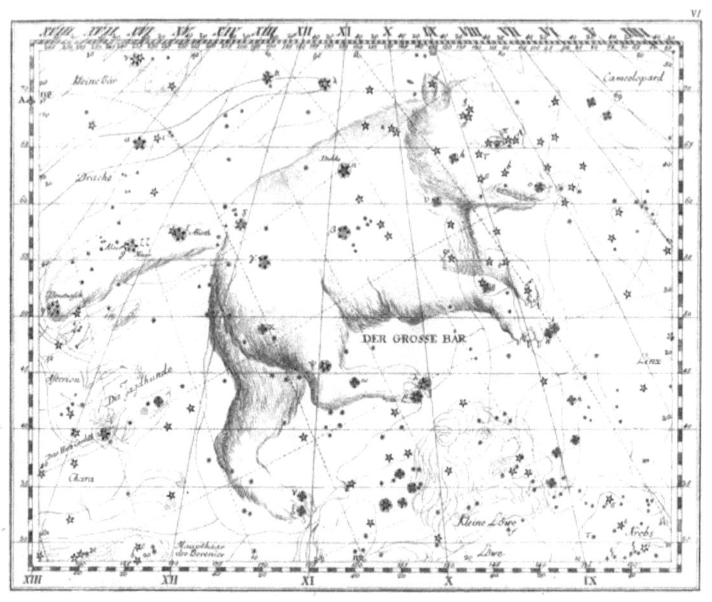

Sternbild „Großer Bär" aus dem Sternatlas
von Johann Elert Bode (1747–1826) von 1782

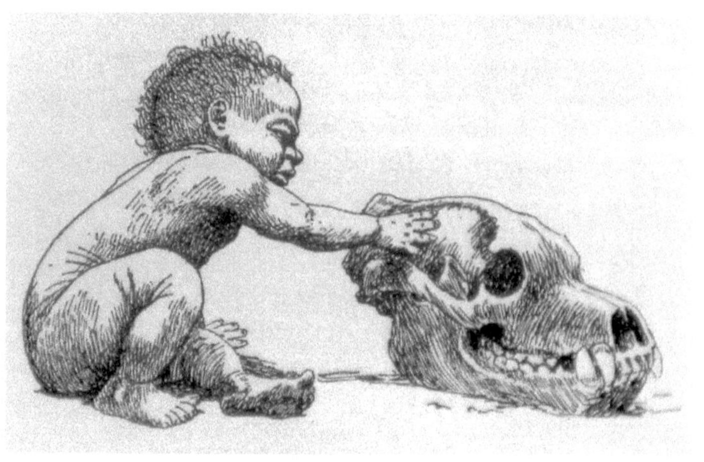

Ein Neandertalerkind spielt mit einem Höhlenbärenschädel.
Zeichnung von Gerhard Wandel (1906–1972)

*Höhlenbärenskelett
im Staatlichen Museum
für Naturkunde Stuttgart.
Das Skelett
ist aus Funden
zusammengesetzt,
die 1861 bei einer Grabung
von Oscar Fraas
in der Bärenhöhle
im Hohlenstein im Lonetal,
Gemarkung Asselfingen
(Alb-Donau-Kreis),
auf der Schwäbischen Alb
geborgen wurden.
Die Montage erstellte
Harm-Uwe Flügge.*

*Pfarrer, Paläontologe,
Museumsdirektor
und Professor
Oscar Fraas (1821–1897)
aus Stuttgart*

Menschen (Jetztmenschen oder Crô-Magnon-Menschen) gehört, die damals in Europa die Neandertaler (Altmenschen) allmählich verdrängten.

Skelette von Höhlenbären dienen in Schauhöhlen sowie in Ausstellungen von Museen und Universitäten als Attraktionen für Besucher/innen. Aus Einzelknochen verschiedener Tiere zusammengesetzte Skelette sind zum Beispiel in der Teufelshöhle bei Pottenstein (Fränkische Alb) in Bayern und in der Heinrichshöhle von Hemer-Sundwig (Nordrhein-Westfalen) zu bewundern. Auch in der Bärenhöhle bei Sonnenbühl-Erpfingen (Baden-Württemberg) steht ein Höhlenbärenskelett.

Das Höhlenmuseum in Iserlohn-Letmathe (Westfalen) besitzt naturgetreue Nachbildungen eines erwachsenen und eines jungen Höhlenbären sowie die Skelettrekonstruktion eines erwachsenen Exemplars und das nahezu komplette Skelett eines in der Dechenhöhle von Iserlohn entdeckten Höhlenbärenbabys. Höhlenbärenskelette befinden sich in Museen von Stuttgart, Tübingen, München, Nürnberg, Frankfurt am Main, Mannheim, Bonn, Köln, Bottrop, Dortmund, Münster, Hannover, Wien, Eisenstadt, Sankt Gallen, Basel und Zürich.

Wie ein lebender erwachsener männlicher Höhlenbär aussah, zeigt anschaulich ein Modell im Bündner Natur-Museum in Chur. Diese Nachbildung wurde beim Tierplastiker Philippe Saunier (1961–1998) in Eschert (Schweiz) in Auftrag gegeben und in enger Zusammenarbeit mit Ulrich Schneppat, dem Präparator des Museums, ausgeführt. Das Originalmaterial zu dieser Replik befindet sich im Institut für Paläontologie der Universität Wien und stammt aus der Drachenhöhle bei Mixnitz an der Mur im Grazer Bergland in der Steiermark (Österreich).

Der Höhlenbär ist das Wahrzeichen von Rübeland im Harz in Sachsen-Anhalt. Dort befinden sich nahe des Flusses Bode die Baumannshöhle und die Hermannshöhle, in denen jeweils Reste von Höhlenbären und Höhlenlöwen geborgen wurden. Auf einem kleinen Felsen am Bodeufer nahe der Hermannshöhle steht das Höhlenbärendenkmal „Der letzte seines Stammes" aus

Eisenbeton. Lange Zeit gab es auch ein Gegenstück über dem Eingang der Baumannshöhle. Dieses musste wegen Problemen mit der Deckentragfähigkeit der Baumannshöhle entfernt und direkt gegenüber aufgestellt werden.

Im Fossilienhandel erfreuen sich preiswerte Originalfunde von Zähnen, Kiefern, Schädeln, Tatzen und Krallen des Höhlenbären großer Beliebtheit. Vor allem die langen oberen Eckzähne dieses Raubtieres sind sehr begehrt. Wer keinen kompletten echten Höhlenbärenschädel ergattern kann, kauft mitunter eine Replik von einem Originalfund. Die Faszination, die vom Höhlenbären ausgeht, scheint ungebrochen zu sein.

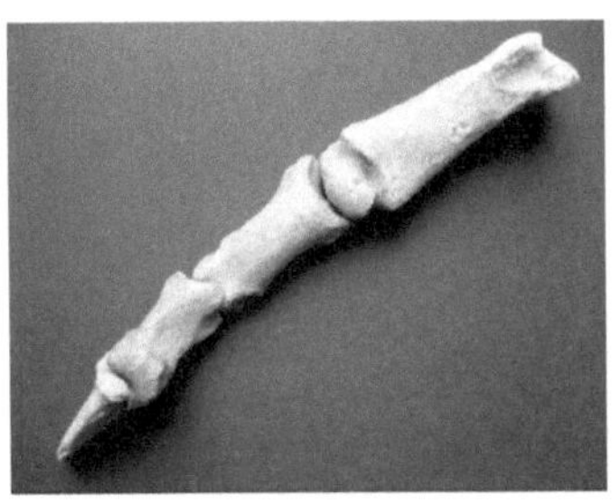

Höhlenbärenfinger von Stefan Otto (Fossilienhandel Otto) http://www.fossilien-onlineshop.net in Wiesbaden

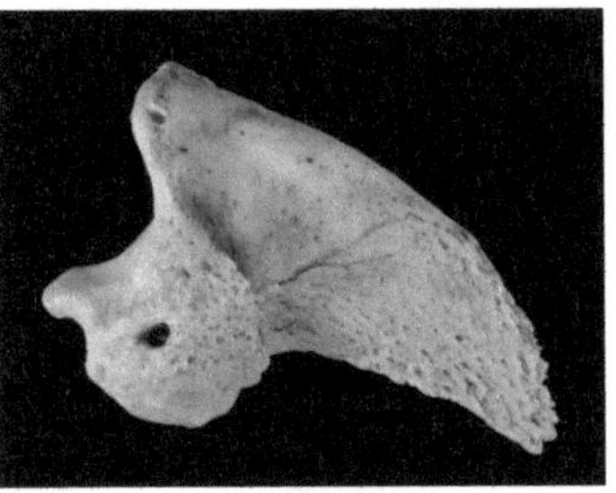

Kralle eines Höhlenbären von Andreas E. Richter http://www.fossilien-richter-reisen.de in Augsburg

191

Eingang zur Zoolithenhöhle von Burggaillenreuth
bei Muggendorf in der Fränkischen Alb
zu Beginn der 1770-er Jahre.
Die Zoolithenhöhle ist ein berühmter Fundort
von Höhlenbären, Höhlenlöwen und Höhlenhyänen.

Philosoph und Universalgelehrter
Gottfried Wilhelm von Leibniz
(1646–1716)

192

Daten und Fakten

1602: Die Zoolithenhöhle von Burggaillenreuth bei Muggendorf (Fränkische Alb bzw. Fränkische Schweiz) – auch Gaillenreuther Höhle genannt – in Bayern wird erstmals schriftlich erwähnt. Nach einem Schädelfund aus dieser Höhle hat man später den Höhlenbären *(Ursus spelaeus)* erstmals wissenschaftlich beschrieben.

1656: Der Kieler Arzt Johann Daniel Horst (1620–1685) vermutet als Erster, dass Knochenfunde aus der Einhornhöhle bei Herzberg-Scharzfeld im Harz von Bären, Löwen und Menschen stammen. Er war zu Gast in der Burg Scharzfels gewesen und hatte auch die Einhornhöhle besucht. Auf der Burg Scharzfels sichtete man Knochen und Zähne, die von Soldaten in der Einhornhöhle geborgen und als angebliche Reste vom Einhorn bis nach Nordhausen in Thüringen an Apotheken verkauft wurden. Horst berichtete in seiner Sammlung von zehn anatomischen Beobachtungen: „Nahe dem Harzwald, am Fuß der Braunschweigischen Feste Scharzfels, sah u. ergrub ich Knochen, Zähne, verschiedene Kiefer, den Bären, Löwen, Menschen und anderen Tieren ähnlich." Seine Aufklärung nutzte aber nicht viel: Noch 1686 grub der berühmte Philosoph und Universalgelehrte Gottfried Wilhelm von Leibniz (1646–1716) aus Hannover in der Einhornhöhle und suchte dort Reste vom Einhorn.

1673: Der Arzt und Naturforscher Johann Paterson Hain (1615–1675) aus der Stadt Eperjes veröffentlicht eine der ersten Abbildungen von Höhlenbärenknochen. Auf einer gefalteten Kupfertafel zeigt er die wesentlichen Knochen eines Höhlenbären: Schädelkalotte, Unterkiefer, Darmbein (Ilium), Wirbel, Oberarmknochen (Humerus), Oberschenkelknochen (Femur) und Schienbeinknochen (Tibia). Hain schrieb diese Knochen

*Deutscher Mediziner
Franz Ernst Brückmann
(1697–1753)*

*Schwedischer Naturforscher
Carl von Linné (1707–1778)
bzw. Linnaeus*

irrtümlich einem Drachen zu. Eperjes gehörte früher zu Ungarn, heute heißt diese Stadt Presov und liegt in der Slowakei.

1676: Heinrich Vollgnad (1634–1682), der Stadtarzt von Breslau, bildet in seinem Werk „Observatio CLXX. De Draconibus Carpathicis et Transsylvanicis" den Oberschädel eines Höhlenbären ab und bezeichnet diesen als Schädel eines karpathischen Drachen in natürlicher Größe. Er hatte den Eckzahn eines fremden Tieres in die Alveole (kleines Fach im Kiefer, in dem der Zahn sitzt) eines der Vorderbackenzähne (Prämolaren) gesteckt, was den Schädel ein reptilhaftes Aussehen verlieh.

1734: Der deutsche Mediziner Franz Ernst Brückmann (1697–1753) beschreibt Knochenfunde aus ungarischen Höhlen und bemerkt als Erster, dass es sich dabei um Bärenknochen handelt Brückmann (auch Bruckmann) wurde 1727 nach einer Reise nach Ungarn in die Deutsche Akademie der Naturforscher „Leopoldina" aufgenommen und zwei Jahre später in die Preußische Akademie der Wissenschaften in Berlin.

1739: Franz Ernst Brückmann berichtet über Drachenknochen aus der Höhle bei Liptovsky Mikulas in der Slowakei, die in Wirklichkeit vom Höhlenbären stammen. Dieser Fundort wird auch als Drachenhöhle bezeichnet.

1758: Der schwedische Naturforscher Carl von Linné (1707–1778) bzw. Linnaeus beschreibt erstmals den Braunbären *(Ursus arctos)* und den Etrukischen Bären *(Ursus etruscus)*. Da der lateinische Ausdruck *Ursus* und der griechische Begriff *arctos* jeweils Bär bedeuten, heißt der Braunbär – wörtlich übersetzt – zu deutsch „Bär-Bar". Linné hat die so genannte binäre Nomenklatur eingeführt, die jeder Pflanzen- und Tierart einen lateinischen Doppelnamen, bestehend aus dem großgeschriebenen Gattungsnamen und dem kleingeschriebenen Artnamen gibt. Die Abkürzung „L." bedeutet: unter diesem Namen zuerst von Linné beschrieben.

*Medizinprofessor Johann
Friedrich Blumenbach
(1752–1840) aus Göttingen*

*Constantine Phipps,
(1744–1792),
britischer Entdeckungsreisender
und Politiker*

September 1771: Der evangelische Pfarrer Johann Friedrich Esper (1732–1781) aus Uttenreuth bei Erlangen besucht zusammen mit einigen Begleitern erstmals die Zoolithenhöhle von Burggaillenreuth bei Muggendorf. Diese Höhle gehört zu den bedeutendsten Fundstellen von Höhlenbären in Deutschland. Esper gilt als einer der Begründer der wissenschaftlichen Höhlenforschung.

1774: Johann Friedrich Esper veröffentlicht sein Werk „Ausführliche Nachricht von neu entdeckten Zoolithen vierfüßiger Thiere des Markgrafenthums Bayreuth". „Dieses Werk gilt als wichtigste Arbeit auf dem Weg zum Höhlenbär", schrieben 2005 die Paläontologen Stephan Kempe (Darmstadt), Wilfried Rosendahl (Mannheim) und Doris Döppes (Darmstadt).

1774: Der britische Entdeckungsreisende und Politiker Constantine Phipps (1744–1792) beschreibt als Erster wissenschaftlich den Eisbären *(Ursus maritimus)*, zu deutsch „Bär vom Meer", der auch Polarbär genannt wird. Der Eisbär ist eng mit dem Braunbären *(Ursus arctos)* verwandt und neben dem Kodiakbären *(Ursus arctos middendorfi)* das größte an Land lebende Raubtier der Erde. Erwachsene Eisbären erreichen – laut Online-Lexikon „Wikipedia" – eine Kopfrumpflänge zwischen ca. 2,40 und 3,40 Metern, eine Schulterhöhe bis zu 1,60 Meter und ein Gewicht zwischen etwa 300 und 800 Kilogramm.

1778: Johann Friedrich Esper deutet Höhlenbärenfunde aus der Zoolithenhöhle von Burggaillenreuth fälschlicherweise als Eisbärenreste. In Wirklichkeit handelt es sich um Überbleibsel von Höhlenbären.

1788: Der Medizinprofessor Johann Friedrich Blumenbach (1752–1840) aus Göttingen stellt in der dritten Ausgabe seines „Handbuches der Naturgeschichte" den damals noch unbekannten Höhlenbären zu den Eisbären. Er hat 1799 als Erster

Baumannshöhle bei Rübeland im Harz (Sachsen-Anhalt):
Blick in die Säulenhalle (oben)
und auf den Eingang der Baumannshöhle (Foto unten)

das Fellnashorn *(Coelodonta antiquitatis)* und ebenfalls 1799 das Mammut *(Mammuthus primigenius)* wissenschaftlich beschrieben.

1789: Der Militärkartograph Georg Sigismund Otto Lasius (1753–1833) ordnet in seinem Werk „Beobachtungen über die Harzgebirge, nebst einem Profilrisse, als ein Beitrag zur mineralogischen Naturkunde" Knochen aus der Baumannhöhle bei Rübeland im Harz zu den Bären.

1794: Der in Erlangen studierende spätere Anatom Johann Christian Rosenmüller (1771–1820) beschreibt anhand eines vollständig erhaltenen Schädelfundes aus der Zoolithenhöhle von Burggaillenreuth bei Muggendorf (Fränkische Alb) in Bayern erstmals wissenschaftlich den Höhlenbären *(Ursus spelaeus)*. Sein Werk trägt den Titel „Quaedam de Ossibus Fossilibus Animalis cuiusdam, Historiam eius et Cognitionem accuratiorem illu-strantia".

1795: Johann Christian Rosenmüller veröffentlicht die erweiterte deutsche Fassung seiner Erstbeschreibung des Höhlenbären von 1794 unter dem Titel „Beiträge zur Geschichte und nähern Kenntniß fossiler Knochen".

1799: Johann Friedrich Blumenbach schreibt in der sechsten Ausgabe seines „Handbuches der Naturgeschichte" „von einer räthselhaften Gattung von Bären *(Ursus spelaeus?)* ", die „in unsäglicher Menge in sogenannten Drachenhöhlen in den Karpathen, so wie in der Scharzfelder Höhle am Harz und in den Gailenreuther Höhlen am Fichtelgebirge" gefunden worden sei. Zur falschen Ortsangabe Fichtelgebirge fügt er eine Fußnote hinzu, die auf die Arbeit von Johann Christian Rosenmüller von 1795 verweist. Blumenbach erwähnt aber nicht, dass die Art *Ursus spelaeus* bereits 1794 von Rosenmüller eingeführt wurde.

„Schiefer Turm von Pisa" in der Heinrichshöhle von Hemer-Sundwig im Sauerland (Nordrhein-Westfalen)

1803: Johann Friedrich Blumenbach diskutiert in seiner Arbeit „Specimen archaeologiae telluris terrarumque inprinus Hannoverarrum" die Verschiedenheit von drei Bärenarten. Dabei erwähnt er wieder die schon 1794 von Johann Christian Rosenmüller erstmals beschriebene Art *Ursus spelaeus* nicht. Blumenbach wurde später irrtümlich von manchen Autoren anstatt von Rosenmüller als Erstbeschreiber von *Ursus spelaeus* erwähnt.

1804: Johann Christian Rosenmüller schließt mit dem Werk „Abbildungen und Beschreibungen der fossilen Knochen des Höhlenbären. Description des os fossiles de l'Ours des Cavernes avec figures" seine Untersuchungen über die bis dahin bekannten Skelettreste des Höhlenbären ab.

1804: In der Heinrichshöhle von Hemer-Sundwig im Sauerland entdecken der Paläontologe Georg August Goldfuß (1782–1848) und der Geologe Johann Jacob Nöggerath (1788–1877) insgesamt 18 komplette Höhlenbärenskelette. Es heißt, diese Skelette seien bei Überschwemmungen in die Höhle gespült worden, weil dort kein Bärenkot gefunden wurde.

1806: Der französische Anatom und Zoologe Georges Cuvier (1769–1832) erwähnt in seiner Arbeit „Sur les ossemens du genre de'lours qui se trouvent en grande quantité dans certaines cavernes d'Allemangne et de Hungrie" zwei Arten des Höhlenbären. Die größere davon ist nach seiner Ansicht *Ursus spelaeus,* dessen wissenschaftliche Erstbeschreibung er irrtümlich Johann Friedrich Blumennach — und nicht richtigerweise Johann Christian Rosenmüller — zuschreibt. Für eine kleinere Form schlägt Cuvier den Artnamen *Ursus arctoideus* vor, der in deutscher Literatur als Höhlenplattbär bezeichnet wird. Cuvier bildet 1806 erste Knochen und Schädel aus den „Sundwighöhlen" ab.

1810: Der deutsche Arzt und Naturforscher Georg August Goldfuß, der damals in Erlangen arbeitet, erklärt — wie Georges

*Die Adelsberger Grotte
(Postojnska jama) in Slowenien
auf einer Zeichnung
von Michael Sachs
(gestorben 1893)*

202

Cuvier 1806 – die auffälligen Größenunterschiede beim männlichen und weiblichen Höhlenbären mit der Existenz von zwei verschiedenen Arten.

1821: Guiseppe de Volpi ordnet in seiner Arbeit „Über ein bei Adelsberg neuentdecktes Paläotherium" Fossilien aus der Adelsberger Grotte (Postojnska jama) in Slowenien irrtümlich einem Tier mit dem Gattungsnamen *Paläotherium* und nicht – was richtig gewesen wäre – einem Höhlenbären zu. Er meint, der Schädel habe nicht die geringste Ähnlichkeit mit dem Bären und dem Höhlenbären. Die Adelsberger Grotte südwestlich von Ljubljana gehört zu den Höhlen von Postojna (slowenisch: Postojnska jama, italienisch: Grotte di Postumia) und liegt nahe der slowenischen Stadt Postojna (deutsch: Adelsberg, italienisch: Postumia). Sie zählt zu den bedeutendsten Tropfsteinhöhlen der Erde.

1823: Georges Cuvier widerruft in seinem Werk „Recherches sur les ossemens fossiles" seine Auffassung, es habe zwei Höhlenbärenarten namens *Ursus spelaeus* und *Ursus arctoideus* gegeben und betrachtet nur noch Erstere als gültig.

1826: Der Mineraloge und Geologe Johann August Nöggerath aus Bonn führt den Begriff „Bärenschliff" in die Literatur ein. Ihm sind 1823 Bärenschliffe in der „Alten Höhle" bei Hemer-Sundwig im Sauerland aufgefallen. Solche Bärenschliffe entstanden, wenn Höhlenbären sich immer wieder an derselben Stelle einer Felswand rieben und dabei mit ihrem Fell den Stein allmählich glätteten.

1834: Die Bären- und Karlshöhle bei Sonnenbühl-Erpfingen (Schwäbische Alb) wird entdeckt. Sie ist die erste Höhle der Schwäbischen Alb, in der Reste des Höhlenbären *(Ursus spelaeus)* gefunden wurden.

*Johann Carl Fuhlrott
(1803–1877),
Realschullehrer
aus Wuppertal-Elberfeld*

*Amerikanischer Zoologe,
Ornithologe und Ethnograph
Clinton Hart Merriam
(1855–1942)*

1834: Carl Rath (1802–1876), Konservator an der Universität Tübingen, vermutet, dass die in der Bärenhöhle bei Sonnenbühl-Erpfingen gefundenen eigenartigen, walzenförmigen Steine im Höhlenbären entstanden sind. Nach seinem Zerwürfnis mit Tübinger Professoren hat sich Rath in verschiedenen technischen Berufen in Öhringen und Heilbronn versucht, ist seinen Kindern nachgefolgt und nach Amerika ausgewandert. Gestorben ist er vermutlich in Sao Paulo (Brasilien). Das hat der Stuttgarter Paläontologe Thomas Rathgeber recherchiert.

1835: Der letzte Braunbär in Deutschland wird in der Gegend von Ruhpolding in Bayern erlegt. Im Harz wurde der letzte Bär bereits Ende des 17. Jahrhunderts erschossen, in Thüringen Mitte des 18. Jahrhunderts und in Oberschlesien 1770.

1856: Der berühmte Neandertalerfund aus der Kleinen Feldhofer Grotte im Neandertal bei Düsseldorf-Mettmann wird von den beiden Steinbrucharbeitern, denen diese wissenschaftlich wertvolle Entdeckung geglückt ist, und von den Steinbruch-besitzern als Höhlenbär fehlgedeutet. Denn damals hat man in Höhlen oft Reste von Höhlenbären geborgen. Dass es sich um seltene Reste eines Urmenschen handelt, erkennt als Erster der herbeigerufene Realschullehrer Johann Carl Fuhlrott (1803–1877) aus Wuppertal-Elberfeld, der einen guten Ruf als Forscher und Sammler genießt.

1878: Der evangelische Pfarrerssohn und Zoologe David Friedrich Weinland (1829–1915) veröffentlicht den Jugendroman „Rulaman" mit abenteuerlichen Geschichten über einen gleich-namigen fiktiven Steinzeithelden. Darin geht es um Höhlen, Höhlenbären, Höhlenlöwen und Höhlenmenschen.

1896: Der amerikanische Zoologe, Ornithologe und Ethnograph Clinton Hart Merriam (1855–1942) beschreibt als erster den Kodiakbären *(Ursus arctos middendorffi)*. Dieser Bär mit einer

*Mainzer Paläontologe
Wilhelm von Reichenau
(1847–1925)*

*Amateur-Archäologe
Konrad Hörmann (1859–1933)
aus Nürnberg*

Kopfrumpflänge bis zu 2,80 Meter, einer Schulterhöhe bis zu 1,50 Meter und einem Gewicht bis zu knapp 800 Kilogramm gilt als eines der größten Landraubtiere der Erde. Der Kodiakbär lebt auf der Kodiak-Insel und benachbarten Inseln wie Afognak und Shuyak vor der Südküste von Alaska.

1904: Der Mainzer Paläontologe Wilhelm von Reichenau (1847–1925) beschreibt anhand von Funden aus den Mosbach-Sanden in Wiesbaden erstmals wissenschaftlich den Mosbacher Bären *(Ursus deningeri)*, der als Vorfahre des Höhlenbären gilt. Der Artname *deningeri* beruht auf dem in Mainz geborenen Geologen Karl Julius Deninger (1878–1917).

1908: Der schweizerische Heimatforscher, Lehrer und Museumsleiter Emil Bächler (1868–1950) aus Sankt Gallen prägt den Begriff „Alpines Paläolithikum". Als Besonderheiten dieser Kulturstufe gelten – so Bächler – Höhlen im Alpengebiet in mehr als 1000 Meter Höhe, weitgehende Verwendung von Tierknochen bei der Herstellung von Werkzeugen sowie die Opferung der besten Beutestücke, die zumeist von Höhlenbären stammen.

1914–1928: Der Amateur-Archäologe Konrad Hörmann (1859–1933) aus Nürnberg erforscht die Petershöhle bei Velden im Viehtriftberg (Fränkische Alb) in Bayern. Er beschreibt Haufen mit bis zu 14 Höhlenbärenschädeln, in Felsnischen deponierte Schädel und Skelettknochen sowie einen an Stirn und Hinterhaupt zerstörten Schädel, der unter einer Steinplatte lag und vollkommen von Holzkohle umgeben war. Hörmann deutete die Petershöhle als „Heiligtum altpaläolithischer Horden".

1917: Der schweizerische Lehrer Theophil Nigg (1880–1957) aus Vättis entdeckt in der in etwa 2475 Meter Höhe liegenden Höhle Drachenloch (Draggaloch) bei Vättis im Taminatal Reste vom Höhlenbären. Damit beweist er, dass der Höhlenbär nicht nur in Niederungen, im Mittelgebirge und in den Voralpen gelebt

*Die Tischoferhöhle bei Kufstein im Kaisertal (Tirol)
war Aufenthaltsort von Höhlenbären und Neandertalern.
Dort wurden Reste von etwa 380 Höhlenbären gefunden.*

*Österreichischer Paläontologe
Othenio Abel (1875–1946)*

*Österreichischer Paläontologe
Kurt Ehrenberg (1896–1979)*

208

hat, sondern auch im Hochgebirge. Im Drachenloch nehmen Emil Bächler und Theophil Nigg von 1917 bis 1923 Grabungen vor. Dabei stoßen sie auf Höhlenbärenschädel, die nach ihrer Ansicht von Steinzeitmenschen deponiert worden sein sollen. Diese angeblichen Zeugnisse eines Höhlenbärenkultes sind heute sehr umstritten.

1923–1927: Emil Bächler führt in der in 1628 Meter Höhe liegenden Höhle Wildenmannisloch am Nordhang des Seluns, einem der sieben Churfirsten (Kanton Sankt Gallen), umfangreiche Ausgrabungen vor. Dabei entdeckt er angeblich Höhlenbärenschädel in besonders geschützten Felsnischen.

1929: Dem österreichischen Paläontologen Kurt Ehrenberg (1896– 1979) aus Wien fällt auf, dass sich die Höhlenbärenreste aus verschiedenen alpinen Höhlen unterscheiden, wenn man die Variabilität der metrischen Werte vergleicht. Bei der ersten Beschreibung der sehr kleinen Bärenform aus der Schreiberwandhöhle bei Gosau im Dachsteingebirge (Oberösterreich) verwendet er den Begriff „hochalpine Kleinform". Die Verringerung der Dimensionen wird als Anpassung an das Hochgebirgsleben (kurze Sommer, lange nahrungslose Winter) gedeutet.

1931: Der österreichische Paläontologe Othenio Abel (1875–1946) weist auf zahlreiche durch Arthritis veränderte Höhlenbärenknochen aus der Tischoferhöhle bei Kufstein im Kaisertal (Tirol) hin.

1931: Der österreichische Maler und Graphiker Franz Roubal (1889–1967) stellt unter der Leitung des Paläontologen Othenio Abel für das Naturhistorische Museum Wien ein Höhlenbärenmodell mit einem auffälligen Höcker her. Der Höcker verstärkt den bei Bären üblichen Buckel oberhalb der Schulterblätter mit einem dicken Fettpolster. Diese Rekonstrukton gilt heute als überholt.

Deutsche Paläontologin
Tilly Edinger (1897–1967)

Österreichischer Paläontologe
Erich Thenius aus Wien

1933: Die deutsche Paläontologin Tilly Edinger (1897–1967) aus Frankfurt am Main identifiziert eigenartige, walzenförmige Steine aus der Bärenhöhle bei Sonnenbühl-Erpfingen (Schwäbische Alb) als Harnsteine bzw. Nierensteine des Höhlenbären.

1938: Der deutsche Prähistoriker Lothar Zotz (1889–1967) verwendet erstmals den Begriff „Höhlenbärenjäger-Kultur". Darunter versteht er eine Gruppe von verschiedenen Kulturstufen, bei der die Jagd auf Höhlenbären eine wichtige Rolle gespielt haben soll. An den Anfang der „Höhlenbärenjäger-Kultur" stellt er das „Alpine Paläolithikum". Zotz war von 1930 bis 1937 Kurator am Museum der Universität Breslau, von 1939 bis 1945 Professor für Urgeschichte an der Deutschen Universität Prag, wo er sich für tschechische Wissenschaftler einsetzte, und ab 1946 Leiter des Instituts für Ur- und Frühgeschichte der Friedrich-Alexander-Universität Erlangen.

1950–1964: Kurt Ehrenberg nimmt in der in 2005 Meter Höhe liegenden Salzofenhöhle bei Grundlsee im Toten Gebirge (Steiermark) Grabungen vor. Dabei stößt er auf sechs Fundsituationen, die er als sorgfältige Deponierung von Höhlenbärenschädeln deutet. Manche Schädel lagen – laut Ehrenberg – in Nischen, die von Steinen und weiteren Knochen umgeben waren. Ein Schädel befand sich auf einer Steinplatte und schien mit einer weiteren Steinplatte abgedeckt worden zu sein. Ehrenberg deutete diese Fundsituationen als „Kulträume" von Steinzeitmenschen.

1953: Der österreichische Paläontologe Erich Thenius aus Wien publiziert Ergebnisse der Gebissanalyse des Höhlenbären und schreibt: „Stammesgeschichtlich gesehen ist der Eisbär eine relativ spät vom Braunbären abgegliederte Form und damit als erdgeschichtlich sehr junges boreales Element zu betrachten". Diese Ansicht stand damals in krassem Widerspruch zur Meinung anderer Autoren, welche die Wurzel der Eisbären statt in das

Französischer Prähistoriker
André Leroi-Gourhan
(1911–1986) aus Paris

Jean M. Auel, amerikanische Autorin
des Romans „Ayla und der Clan des Bären"

212

Boreal (etwa 7000 bis 5800 v. Chr.) in das Pliozän (etwa 5 bis 2,6 Millionen Jahre) oder Altpleistozän (etwa 900.000 bis 480.000 Jahre) zurückverlegt haben. Die Klassifikation als selbstständige Gattung *Thalarctos* STONE 1900 (= *Thalassarctos*) entspricht dieser inzwischen als überholt geltenden Theorie.

1957: Der deutsche Paläontologe Florian Heller (1905–1978) aus Erlangen beschreibt einen angeblich rituell deponierten Höhlenbärenschädel aus der Höhle Hohler Stein bei Schambach im Hirtetal in Bayern.

1971: Der französische Prähistoriker André Leroi-Gourhan (1911–1986) aus Paris veröffentlicht eine Statistik über die Häufigkeit von bestimmten Tierarten in der Kunst der jüngeren Altsteinzeit. Ihm zufolge machen die Bärendarstellungen nur etwa ein bis zwei Prozent der erkennbaren Tierdarstellungen in der Höhlenkunst aus. Bei den Bärendarstellungen können angeblich teilweise Höhlenbären von Braunbären unterschieden werden.

1975: Der finnische Paläontologe Björn Kurtén (1924–1988) aus Oslo erwähnt in seinem Werk „Cave bear story" drei Höhlenbärenfundorte in Südengland.

1980/81: Der tschechische Paläontologe Rudolf Musil aus Brünn (Brno) vertritt in seinem dreibändigen Werk „*Ursus spelaeus.* Der Höhlenbär" die Auffassung, alle fossilen Bärenfunde aus England stammten entweder vom Mosbacher Bären *(Ursus deningeri),* der dort auch *Ursus savini* heißt, oder vom Braunbär *(Ursus arctos).*

1986: Der Film „Ayla und der Clan des Bären", der auf dem ersten Teil einer fünfbändigen Romanreihe von Jean M. Auel basiert, kommt in die Kinos. Bei den Abenteuern der Heldin dieses Streifens von Michael Chapman spielen Neandertaler und Höhlenbären eine wichtige Rolle.

Rekonstruktion eines Höhlenbären im Musée national de préhistorique,
Les Eyzies-de-Tayac-Sireuil (Frankreich)

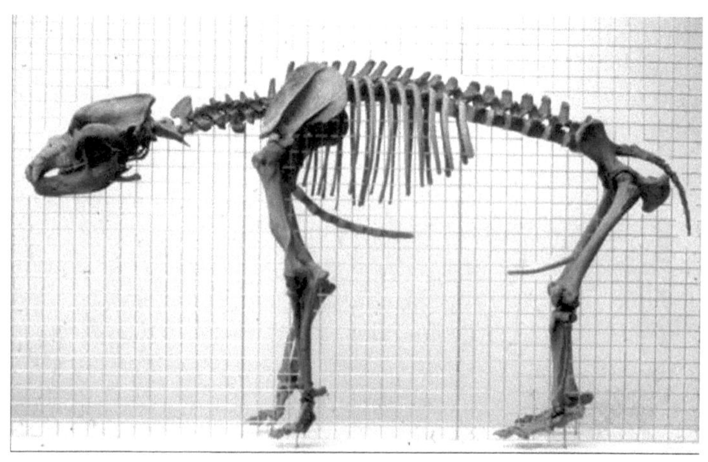

Rekonstruktion eines Höhlenbärenskeletts
im Bündner Naturmuseum Chur

214

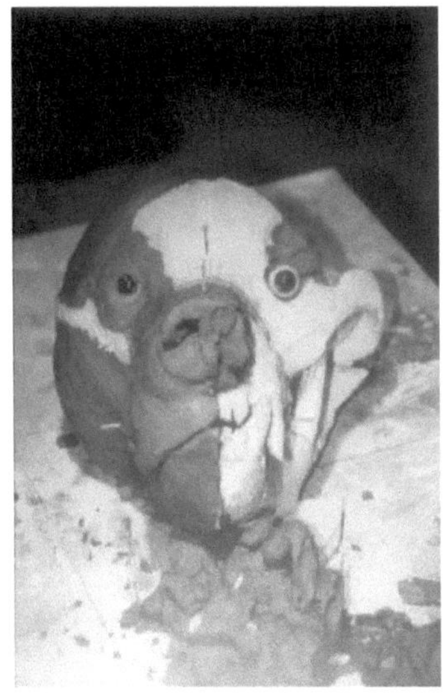

Lebensgroßes Modell eines
erwachsenen männlichen
Höhlenbären im Bündner
Natur-Museum in Chur
(Foto oben). Es wurde 1996
von dem Tierplastiker
Philippe Saunier (1961–1998)
aus Eschert (Schweiz)
in enger Zusammenarbeit mit dem
Präparator Ulrich Schneppat
vom Bündner Natur-Museum
in Chur angefertigt.

Kopf des Höhlenbären-Modells
(Foto unten)
vor der Fertigstellung

Die Conturineshöhle
bei Sankt Kassian (San Ciascian)
in Südtirol (Italien)
gilt als der am höchsten gelegene Fundort
des Höhlenbären
und des Höhlenlöwen.
Ihr Eingang
liegt in etwa 2.800 Meter Höhe.

216

23. September 1987: Der Hotelier, Bergsteiger und Fossiliensammler Willy Costamoling aus Corvara entdeckt bei der Suche nach Mineralien und Fossilien in den Dolomiten in etwa 2800 Meter Höhe den Eingang der Conturineshöhle bei Sankt Kassian (San Ciascian) in Südtirol (Italien). Die Conturineshöhle gilt als der am höchsten gelegene Fundort des Höhlenbären. Leiter der wissenschaftlichen Grabungen von 1988 bis 2001 ist der Wiener Paläontologe Gernot Rabeder.

1994: Eine französische Arbeitsgruppe um Catherine Hänni aus Lyon kann erstmals ein kurzes Stück des Erbgutes eines Höhlenbären – die so genannte mitochondriale DNA (Desoxiribonukleinsäure) – sequenzieren, das heißt die Abfolge der Bestandteile bestimmen.

1994: Der Geologe Ralf Nielbock aus Osterode am Harz veröffentlicht seine Erkenntnis, dass nach damaligem Wissensstand die nördlichsten bekannten Vorkommen des Höhlenbären *(Ursus spelaeus)* in Deutschland im Gipskarst des Harzes liegen.

1996: Der Tierplastiker Philippe Saunier (1961–1998) in Eschert (Schweiz) fertigt in enger Zusammenarbeit mit dem Präparator Ulrich Schneppat vom Bündner Natur-Museum in Chur das Modell eines erwachsenen männlichen Höhlenbären in Originalgröße an. Das Originalmaterial zu dieser Replik befindet sich im Institut für Paläontologie der Universität Wien und stammt aus der Drachenhöhle bei Mixnitz an der Mur im Grazer Bergland in der Steiermark (Österreich). Das Modell ist im Bündner Natur-Museum in Chur ausgestellt.

November 1996: Der Bergwachtaktivist und Höhlenforscher Artur Hofmann aus Rosenheim entdeckt die verschüttete „Neue Laubenstein-Bärenhöhle" nahe Frasdorf im Inntal in den Chiemgauer Alpen in Bayern. Dabei handelt es sich, wie sich später herausstellt, um die erste alpine Höhlenbärenhöhle in

*Höhlenbärenskelett
in der Bärenhöhle
bei Sonnenbühl-Erpfingen
auf der Schwäbischen Alb
in Baden-Württemberg*

Deutschland. Hofmann informiert den Geologen Robert Darga, den Leiter des Naturkunde- und Mammutmuseums in Siegsdorf, über seine Entdeckung. Am 3. November 1997 öffnet ein Team von Experten die Höhle und nimmt eine erste Grabung vor.

1997: Michael Walter Bausch, Donat Kamphausen und Paul O. Schwille publizieren den Fund eines Harnsteines bzw. Nierensteines eines Höhlenbären aus der Höhle Zahnloch bei Steifling unweit von Pottenstein (Fränkische Alb) in Bayern. Der Fund gilt irrtümlich als Neuentdeckung und erregt großes Aufsehen, weil eine frühere Entdeckung von 1834 aus der Bärenhöhle bei Sonnenbühl-Erpfingen (Schwäbische Alb) in Vergessenheit geraten war.

2000: Die österreichischen Paläontologen Gernot Rabeder, Doris Nagel und Martina Pacher (alle drei aus Wien) veröffentlichen ihr Buch „Der Höhlenbär".

2000: Wilfried Rosendahl (Mannheim), Robert Darga (Siegsdorf), Ralph Kühn (Freising) und Martina Pacher (Wien) berichten in ihrem Werk „Der Höhlenbär in Bayern" über die Ausgrabung und Erforschung der „Neuen Laubenstein-Bärenhöhle" in den Chiemgauer Alpen, die als Deutschlands erste alpine Höhlenbärenhöhle gilt.

November 2000: Die Höhlenforscherin Anke Luz aus Leinfelden-Echterdingen erkennt bei einer Exkursion anlässlich des Laichinger Symposiums „Speläotherme und Höhlensedimente" in der Bärenhöhle bei Sonnenbühl-Erpfingen eine möglicherweise vom Höhlenbären erzeugte Kratzspur. Diese befindet sich unmittelbar hinter der Passage von der Karlshöhle zur Bärenhöhle unweit eines Bärenschliffes.

2001: Wilfried Rosendahl (Mannheim) und Gisela Grupe (München) veröffentlichen erste Isotopenanalysen zur Ernährungsre-

Jetztmensch beim Schnitzen eines Kleinkunstwerkes
aus Mammutelfenbein
im Aurignacien vor mehr als 30.000 Jahren

220

konstruktion alpiner Höhlenbären. Ihre Forschungen basieren auf Funden aus der „Neuen Laubenstein-Bärenhöhle" in den Chiemgauer Alpein (Bayern).

2001: Der österreichische Paläontologe Gernot Rabeder aus Wien erklärt die durchschnittlich geringeren Dimensionen bei der „hochalpinen Kleinform" des Höhlenbären mit geschlechtsspezifischen Unterschieden: Die kleineren Weibchen hätten bevorzugt in den hochalpinen Höhlen überwintert. Später verwirft er diese scherzhaft als „Pascha-Theorie" bezeichnete Hypothese.

2002: Die Höhlenforscher Anke Luz und Hans Martin Luz aus Leinfelden-Echterdingen entdecken in einer kleinen, damals noch namenlosen Höhle am Südrand der Schwäbischen Alb deutliche Kratzspuren vom Höhlenbären. Bei der Nachsuche in dieser Höhle findet der Paläontologe Thomas Rathgeber aus Stuttgart einen Milcheckzahn eines Höhlenbären. Vor dieser Entdeckung erschien es unmöglich, dass sich in einer so kleinen, gerade sechs Meter langen Höhle Kratzspuren aus dem Eiszeitalter erhalten haben könnten. Doch nach dem Zahnfund interpretiert Rathgeber die Kratzspuren nun eher als solche eines jungen Höhlenbären als die eines Braunbären, wie die beiden Entdecker angenommen haben.

2002: Der französische Wissenschaftler Francois Rouzaud veröffentlicht einen Aufsatz über die bis dahin bekannten Bärendarstellungen aus der Altsteinzeit. Er erwähnt 23 Höhlen als Fundorte von insgesamt 55 Bärendarstellungen. Die meisten Bärendarstellungen stammen aus der Chauvet-Höhle (damals zwölf, heute 15 Darstellungen) und aus der Höhle Les Combarelles I (zwölf Darstellungen), beide in Frankreich gelegen. Außerdem nennt Rouzaud 23 Fundstellen mit so genannten mobilen Kleinkunstwerken von Bären. Rouzaud betont aber, dass seine Aufstellung nicht vollständig ist.

Der Paläontologe Wilfried Rosendahl
ist Leiter der Abteilung „Weltkulturen und Umwelt"
an den Reiss-Engelhorn-Museen in Mannheim.
Er hat sich mit Forschungen in Höhlen
und mit zahlreichen Publikationen
um die Erforschung
der Höhlenbären verdient gemacht.
Zu seinen Arbeitsrichtungen gehören
Quartärgeologie und -paläontologie,
Geowissenschaften und Öffentlichkeitsarbeit
sowie die Mumienforschung.
Seine Arbeitsthemen sind
Theoretische Speläologie,
Sinterchronologie, Paläoklima,
Paläoökologie, Paläoanthropologie,
Geotopschutz, Geodidaktik
und Geotourismus.
Obiges Foto zeigt
den vielseitigen Wissenschaftler
während eines Aufenthaltes im Harz.

2004: Gernot Rabeder beschreibt anhand von Funden aus alpinen Höhlen drei neue Formen des Höhlenbären: den ladinischen Bären oder Conturinesbär *Ursus spelaeus ladinicus* aus der Conturineshöhle bei Sankt Kassian (San Ciascian) in Südtirol (Italien), den Rameschbär *Ursus spelaeus eremus* aus der Ramesch-Knochenhöhle im Warscheneck in Oberösterreich und den Gamssulzenbär *Ursus ingressus* aus der Gamssulzenhöhle oberhalb des Gleinkersees im Toten Gebirge in Oberösterreich.

2004: Den Paläontologen Wilfried Rosendahl aus Mannheim und Stephan Kempe aus Darmstadt gelingt in der Zoolithenhöhle von Burggaillenreuth bei Muggendorf (Fränkische Alb) in Bayern der Nachweis eines Bärenknochenlagers aus dem Mittelpleistozän (etwa 480.000 bis 125.000 Jahre).

2004: Die Paläontologen Wilfried Rosendahl aus Mannheim und Brigitte Kaulich (1953–2006) aus Erlangen veröffentlichen ihre Untersuchungsergebnisse über ein Höhlenbärenbaby aus der Petershöhle bei Velden (Fränkische Alb) in Bayern. Dabei handelt es sich um das wohl vollständigste Skelett in dieser Entwicklungshöhe.

2004: Der Paläontologe Cajus Diedrich aus Halle/Westfalen berichtet über drei Höhlenbärenfunde in Norddeutschland aus Flussterrassenkiesen der Emscher (Herten-Stuckenbusch) und Weser (Löhne-Gohfeld, Dankersen bei Minden). Dabei handelt es sich um die nördlichsten bekannten Funde in Deutschland und seltene Freilandfunde, die das Bild der Verbreitung dieser Raubtiere aus dem Eiszeitalter vervollständigen.

2005: Wilfried Rosendahl (Mannheim), Doris Döppes (Darmstadt), Ulrich Joger (Braunschweig), Rainer Laskowski (Kirchheim/Teck), Matthias López Correa (Erlangen), Ralf Nielbock (Osterode/Harz) und Volker Wrede (Krefeld) gelingt die erstmalige moderne numerische Datierung an Höhlenbärenfunden

Höhlenbärenskelett
im Eingangsbereich
der Baumannshöhle
bei Rübeland im Harz
(Sachsen-Anhalt)

aus verschiedenen Höhlenbärenhöhlen in Deutschland. Zum Beispiel: Baumannshöhle bei Rübeland im Harz, Hermannshöhle bei Rübeland im Harz, Einhornhöhle bei Herzberg-Scharzfeld.

2005: Die Paläontologin Brigitte Hilpert aus Erlangen publiziert ungewöhnliche Reduktionserscheinungen an Zähnen des Höhlenbären *Ursus spelaeus* aus der Zoolithenhöhle von Burggaillenreuth bei Muggendorf (Fränkische Alb) in Bayern.

2006: Die Paläontologen Wilfried Rosendahl (Mannheim) und Doris Döppes (Darmstadt) erwähnen in einer Arbeit insgesamt 19 Höhlen mit Bärenschliffen in Deutschland und fünf Höhlen mit Bärenschliffen in Österreich.

2006: Die Paläontologen Wilfried Rosendahl (Mannheim), Bettina Wiegand (Göttingen), Brigitte Kaulich (Erlangen) und Ludwig Reisch (Erlangen) weisen die Koexistenz von Höhlenbär und Makake (Affe) in der Steinberg-Höhlenruine oberhalb Hunas bei Hartmannshof im Landkreis Nürnberger Land (Mittelfranken) in Bayern zu Beginn der Würm-Eiszeit (etwa 115.000 bis 11.700 Jahre) nach.

2008: Die österreichische Paläontologin Martina Pacher aus Wien und der englische Paläontologe Anthony J. Stuart aus London kommen nach Untersuchungen und der Auswertung früherer Studien, laut denen der Höhlenbär vor etwa 15.000 Jahren ausgestorben sein soll, zu einer überraschenden Erkenntnis: Messfehler und Verwechslungen der Überreste des Höhlenbären mit dem Braunbären hätten dazu geführt, dass das Aussterben des Höhlenbären falsch datiert worden sei. Nach Ansicht von Pacher und Stuart sind die Höhlenbären bereits vor etwa 27.800 Jahren wegen Nahrungsmangel verschwunden − rund 13.000 Jahren früher, als man bis dahin glaubte.

Kopf eines Eisbären (Ursus maritimus)
im Naturhistororischen Museum Mainz.
Zwei Bärenbilder
in der Höhle Ekain im Baskenland (Spanien)
und ein Bärenkopf
aus der Höhle von Isturitz bei Biarritz (Frankreich)
stellen vielleicht einen Eisbären dar.

2008: Brigitte Hilpert (Erlangen), Thomas Keller (Wiesbaden) und Anne Sander (Wiesbaden) publizieren einen bemerkenswerten Fund von Höhlenbärenfossilien bei Sontra-Berneburg in Nordhessen aus dem Jahre 2007. Dabei handelt es sich um die ersten im hessischen Gipskarst nachgewiesenen Höhlenbärenreste. Die Fundstelle liegt unweit der nördlichen Grenze des einstiges Verbreitungsgebietes des Höhlenbären *(Ursus spelaeus)*.

2008: Der Prähistoriker Ingmar M. Braun (Halle/Saale) und der Zoologe Wolfgang Zessin (Schwerin) veröffentlichen einen Aufsatz über paläolithische Bärendarstellungen und den Versuch einer zoologisch-ethnologischen Interpretation. Abweichend von bisherigen Erklärungen deuten sie zwei Bärendarstellungen in der Höhle Ekain bei Izarraitz unweit von Azpeitia im Baskenland (Spanien) und einen Bärenkopf aus Sandstein aus der Höhle von Isturitz bei Biarritz (Frankreich) als Eisbären.

Baumannshöhle bei Rübeland im Harz
in Sachsen-Anhalt
auf einer Zeichnung
von Conrad Bruno (1616–1671).
Das Bild wurde im Auftrag
von August dem Jüngeren (1579–1666),
Herzog von Braunschweig-Lüneburg,
angefertigt und in dem Werk
„Topographia Braunschweig-Lüneburg"
von Merian veröffentlicht.

Fundorte von Höhlenbären
in Deutschland (Auswahl)

Altensteiner Höhle bei Schweina (Thüringen)
Attahöhle bei Attendorf im Sauerland (Nordrhein-Westfalen)
Balver Höhle bei Balve im Hönnetal (Nordrhein-Westfalen)
Bärenhöhle bei Sonnenbühl-Erpfingen, Schwäbische Alb
(Baden-Württemberg)
Bärenhöhle im Hohlenstein, Schwäbische Alb
(Baden-Württemberg)
Baumannshöhle bei Rübeland im Harz (Sachsen-Anhalt)
Bilsteinhöhle bei Warstein im Sauerland
(Nordrhein-Westfalen)
Bodenberghöhle im Püttlachtal, Fränkische Alb, Oberfranken
(Bayern)
Breitenfurter Höhle in Breitenfurt im Landkreis Eichstätt
(Bayern)
Breitenwinner Höhle bei Hohenfels, Fränkische Alb (Bayern)
Breitscheid-Erdbach (Herbstlabyrinth-Adventhöhlen-System)
im Westerwald (Hessen)
Brillenhöhle bei Blaubeuren im Blautal (Baden-Württemberg)
Charlottenhöhle bei Giengen, Schwäbische Alb
(Baden-Württemberg)
Dechenhöhle bei Iserlohn-Letmathe im Sauerland
(Nordrhein-Westfalen)
Einhornhöhle bei Herzberg-Scharzfeld im Harz
(Niedersachsen)
Geisloch bei Oberfellendorf, Fränkische Alb (Bayern)
Gentnerhöhle bei Weidelwang, Fränkische Alb, Oberfranken
(Bayern)
Göpfelsteinhöhle bei Veringenstadt, Schwäbische Alb
(Baden-Württemberg)

Große Grotte bei Blaubeuren im Blautal
(Baden-Württemberg)
Große Klingersberg-Höhle bei Berghausen, Fränkische Alb
(Bayern)
Große Kuhsteinhöhle bei Gößmannsberg im Aufseßtal,
Fränkische Alb, Oberfranken (Bayern)
Großes Rohrnloch bei Viehofen, Fränkische Alb (Bayern)
Großes Schulerloch bei Kelheim im Altmühltal (Bayern)
Großes Teufelsloch bei Krögelstein unweit von Bamberg,
Fränkische Alb, Oberfranken (Bayern)
Gutenberg-Höhle (Heppenloch) bei Lenningen
(Baden-Württemberg)
Heinrichshöhle von Hemer-Sundwig im Sauerland
(Nordrhein-Westfalen)
Hermannshöhle bei Rübeland im Harz (Sachsen-Anhalt)
Hohle Fels bei Schelklingen im Aachtal (Baden-Württemberg)
Hohler Fels bei Happurg, Fränkische Alb bzw. Hersbrucker
Alb, Mittelfranken (Bayern)
Hohler Stein bei Schambach im Hirtetal (Bayern)
Hohlenstein bei Stetten ob Lonetal (Baden-Württemberg)
Ilsenhöhle bei Ranis (Thüringen)
Jubiläumshöhle im Püttlachtal, Fränkische Alb, Oberfranken
(Bayern)
Kastlhänghöhle bei Kelheim im Hienheimer Forst (Bayern)
Kleine Scheuer bei Heubach im Rosenstein
(Baden-Württemberg)
Kleines Höhlloch bei St. Wolfgang, Fränkische Alb (Bayern)
Lindenthaler Hyänenhöhle in Gera (Thüringen)
Ludwigshöhle im Ailsbachtal, Fränkische Alb, Oberfranken
(Bayern)
Moggaster Höhle in Ebermannstadt, Oberfranken (Bayern)
Neue Laubenstein-Bärenhöhle bei Frasdorf im Chiemgau
(Bayern)
Niederlehme bei Königs Wusterhausen (Brandenburg)

Nikolaushöhle über Veringenstadt, Schwäbische Alb
(Baden-Württemberg)
Osterloch in Hegendorf, Fränkische Alb (Bayern)
Perick-Höhlen von Hemer-Sundwig im Sauerland
(Nordrhein-Westfalen)
Petershöhle bei Velden im Viehtriftberg, Fränkische Alb,
Mittelfranken (Bayern)
Schafstall über Veringenstadt, Schwäbische Alb
(Baden-Württemberg)
Schulerloch bei Kelheim im Altmühltal (Bayern)
Sophienhöhle bei Ahorntal im Ailsbachtal, Fränkische Alb,
Oberfranken (Bayern)
Steinberg-Höhlenruine oberhalb Hunas bei Hartmannshof,
Mittelfranken (Bayern)
Sybillenhöhle auf der Teck, Schwäbische Alb
(Baden-Württemberg)
Teufelshöhle bei Pottenstein, Fränkische Alb, Oberfranken
(Bayern)
Vogelherd bei Stetten im Lonetal (Baden-Württemberg)
Weimar-Ehringsdorf (Thüringen)
Weinberghöhlen bei Mauern im Oberen Altmühltal (Bayern)
Wildscheuer-Höhle bei Steeden an der Lahn (Hessen)
Windloch bei Sackdilling, Fränkische Alb (Bayern)
Zahnloch bei Steifling unweit von Pottenstein, Fränkische Alb,
Oberfranken (Bayern)
Zoolithenhöhle von Burggaillenreuth bei Muggendorf,
Fränkische Alb, Oberfranken (Bayern)

Eingang zur Drachenhöhle
bei Mixnitz an der Mur
im Grazer Bergland (Steiermark)

Fundorte von Höhlenbären in Österreich (Auswahl)

Arzberghöhle bei Wildalpen und Fachwerk (Steiermark)
Äußere Hennenkopfhöhle bei Saalfelden im Steinernen Meer (Salzburg)
Bärenhöhle bei Hieflau im Hartelsgraben (Steiermark)
Brettsteinbärenhöhle bei Bad Mitterndorf im Toten Gebirge (Steiermark)
Brieglersberghöhle bei Tauplitz im Toten Gebirge (Steiermark)
Burgstallwandhöhle bei Pernegg an der Mur unweit von Mixnitz im Grazer Bergland (Steiermark)
Drachenhöhle bei Mixnitz an der Mur im Grazer Bergland (Steiermark)
Frauenhöhle (Frauenloch) bei Semriach im Grazer Bergland (Steiermark)
Fünffenstergrotte bei Deutschfeistritz am Kugelstein im mittleren Murtal im Grazer Bergland (Steiermark)
Gamssulzenhöhle oberhalb des Gleinkerses im Toten Gebirge (Oberösterreich)
Gasselhöhle bei Ebensee im Salzkammergut (Oberösterreich)
Griffener Tropfsteinhöhle im Schlossberg von Griffen (Kärnten)
Große Badlhöhle bei Peggau im Grazer Bergland (Steiermark)
Große Peggauer Wandhöhle bei Peggau im Grazer Bergland (Steiermark)
Hartelsgraben-Bärenhöhle bei Hieflau (Steiermark)
Herdengelhöhle bei Lunz am See (Niederösterreich)
Holzingerhöhle bei Frohnleiten (Steiermark)
Kleine Peggauerwandhöhle bei Peggau im Grazer Bergland (Steiermark)
Lettenmayerhöhle am linken Kremsufer bei Kremsmünster (Oberösterreich)

Lieglloch bei Tauplitz im Toten Gebirge (Steiermark)
Luegloch bei Köflach (Steiermark)
Lurgrotte bei Peggau im Grazer Bergland (Steiermark)
Merkensteinhöhle bei Gainfarn (Niederösterreich)
Nixloch bei Losenstein-Ternberg (Oberösterreich)
Ramesch-Knochenhöhle in der Nordwand des Ramesch
im Warscheneck (Oberösterreich)
Rittersaal bei Peggau im Grazer Bergland (Steiermark)
Salzofenhöhle bei Grundlsee im Toten Gebirge (Steiermark)
Schlenkendurchgangshöhle bei Hallein (Salzburg)
Schottloch bei Liezen im Dachsteingebirge (Steiermark)
Schreiberwandhöhle bei Gosau im Dachsteingebirge
(Oberösterreich)
Schusterlucke bei Albrechtsberg, auch Schusterloch oder
Tamerushöhle genannt (Niederösterreich)
Schwabenreith-Höhle bei Lunz am See (Niederösterreich)
Steinbockhöhle bei Peggau im Grazer Bergland (Steiermark)
Teufelslucke bei Eggenburg bzw. Roggendorf
(Niederösterreich)
Tischoferhöhle bei Kufstein im Kaisertal (Tirol)
Torrener Bärenhöhle bei Golling an der Salzach
im Hagengebirge (Salzburg)
Tropfsteinhöhle am Kugelstein bei Deutschfeistritz
(Steiermark)
Tunnelhöhle bei Deutschfeistritz (Steiermark)
Willendorf in der Wachau (Niederösterreich)
Windener Bärenhöhle bei Winden am See (Burgenland)

Fundort von Höhlenbären in Südtirol (Auswahl)

Conturineshöhle bei Sankt Kassian (San Ciascian)
in den Dolomiten (Südtirol, Italien)

Fundorte von Höhlenbären
in der Schweiz (Auswahl):

Aesch (Kanton Basel)
Bärenloch am Spitzflue (Kanton Freiburg)
Bärenloch bei Wenslingen (Kanton Basel-Landschaft)
Chilchlihöhle oberhalb von Erlenbach im Simmental
(Kanton Bern)
Cotencher (Kanton Neuenburg)
Drachenloch bei Vättis im Taminatal (Kanton Sankt Gallen)
Liesberg, Höhle im Birstal (Kanton Bern)
Monte Generoso, Karsthöhle (Bärenhöhle) am Ostabhang
(Kanton Tessin)
Ranggiloch im Simmental (Kanton Bern)
Saint Brais im Berner Jura (Kanton Bern)
Schnurenloch bei Thun im Simmental (Kanton Bern)
Steigelfadbalm oberhalb Vitznau (Kanton Luzern)
Sulzfluhhöhle bei St. Antönien, auch Obere Seehöhle oder
Apollohöhle genannt, im Rätikon (Kanton Graubünden),
Eingänge in der Schweiz, Höhle erstreckt sich auch
in Österreich
Thierstein bei Büsserach (Kanton Solothurn)
Wildenmannisloch am Nordhang des Seluns,
einem der sieben Churfirsten (Kanton Sankt Gallen)
Wildkirchli im Ebenalpstock des Säntisgebirges
(Kanton Appenzell)

Höhlenbärenskelett aus der Baumannshöhle
bei Rübeland im Harz (Sachsen-Anhalt)
im Naturhistorischen Museum Braunschweig.
Vor dem Skelett sitzt
die Paläontologin Gerda Schütt (1931–2007),
die sich als Expertin für fossile Raubtiere
einen Namen gemacht hat.

Funde von Höhlenbären
in Schauhöhlen und Museen

Deutschland:
Archäologisches Museum der Stadt Kelheim: Zähne und
Knochen vom Höhlenbären aus der Kastlhanghöhle im
Hienheimer Forst in Bayern
Bärenhöhle bei Sonnenbühl-Erpfingen. Schwäbische Alb
(Baden-Württemberg): Höhlenbärenskelett
Baumannshöhle bei Rübeland im Harz (Sachsen-Anhalt):
Höhlenbärenskelett
Bayerische Staatssammlung für Paläontologie und Historische
Geologie München: Höhlenbärenskelett aus der
Zoolithenhöhle von Burggaillenreuth bei Muggendorf,
Fränkische Alb, Oberfranken (Bayern)
Dechenhöhle und Deutsches Höhlenmuseum, Iserlohn-
Letmathe: Höhlenbärenskelett und naturgetreue Nachbildung
(Dermoplastik) eines Höhlenbären und Höhlenbärenbabys
aus der Dechenhöhle
Deutsches Jagd- und Fischereimuseum, München:
Höhlenbärenskelett aus Resten mehrerer Tiere
Fränkische Schweiz-Museum, Tüchersfeld in Oberfranken
(Bayern): Höhlenbärenskelett aus Resten mehrerer Tiere aus
der Zoolithenhöhle von Burggaillenreuth bei Muggendorf,
Fränkische Alb, Oberfranken (Bayern)
Geologisch-Paläontologisches Museum der Universität
Münster: aus Höhlenfunden im Sauerland zusammengesetztes
Höhlenbärenskelett
Geomuseum der Universität zu Köln: Höhlenbärenskelett
Goldfuß-Museum, Institut für Paläontologie der Universität
Bonn: Höhlenbärenskelett aus Mähren
Heimatmuseum Menden: Höhlenbärenskelett aus den
Reckenhöhlen in Balve-Binolen

Heinrichshöhle von Hemer-Sundwig im Sauerland:
Höhlenbärenskelett
Hermannshöhle bei Rübeland im Harz (Sachsen-Anhalt):
Höhlenbärenskelett
Höhlenkundliches Museum Einhornhöhle Scharzfeld
(Niedersachsen): Knochenfunde vom Höhlenbären aus der
Einhornhöhle
Höhlenmuseum Frasdorf, Chiemgau (Bayern): nachgebildete
Höhle mit Tropfsteinen, anderen Höhlenfunden und dem
Schädel eines Braunbären aus der Schlüssellochhöhle
Lippisches Landesmuseum Detmold: Teile eines
Höhlenbärenskeletts (Schädel, Teile der Wirbelsäule sowie
eines Vorder- und eines Hinterbeins)
Museum der Burg Altona im Sauerland: Höhlenbärenskelett
Museum für Geologie und Paläontologie, Tübingen:
Bärenhöhle mit zwei Höhlenbärenskeletten aus der Bären-
höhle bei Sonnenbühl-Erpfingen auf der Schwäbischen Alb
Museum für Höhlenkunde, Laichingen: Höhlenbärenskelett in
aufgerichteter Haltung
Museum für Naturkunde, Dortmund: Höhlenbärenskelett
Museum für Naturkunde, Berlin: Höhlenbärenschädel
Museum für Naturkunde, Magdeburg: Höhlenbärenskelett
Museum für Naturkunde und Vorgeschichte, Dessau:
Rekon-struktion eines Höhlenbären
Museum für Ur- und Frühgeschichte, Eichstätt: Höhlenbären-
schädel aus der Höhle Hohler Stein bei Schambach
(Kreis Eichstätt)
Museum im Kornhaus, Kirchheim/Teck: Höhlenbärenskelett
aus der Sibyllenhöhle
Museum „Natur und Mensch" der Naturhistorischen Gesell-
schaft Nürnberg, Abteilung Karst- und Höhlenkunde: Skelett
eines Höhlenbärenbabys und eines ungewöhnlich großen
erwachsenen Höhlenbären aus der Petershöhle bei Velden,
Fränkische Alb, Mittelfranken (Bayern)
Naturhistorisches Museum Braunschweig: Höhlenbärenskelett

Naturkundemuseum Bamberg: Höhlenbärenskelett
aus Resten mehrerer Tiere aus Höhlen der Fränkischen Alb.
Einige Teile stammen aus der Zoolithenhöhle von
Burggaillenreuth bei Muggendorf, Fränkische Alb,
Oberfranken (Bayern)
Naturkunde- und Mammutmuseum, Siegsdorf: Bärenhöhle
mit Höhlenbärenskeletten
Naturkundemuseum Reutlingen: Höhlenbärenskelett
aus Rumänien
Naturmuseum Augsburg: Höhlenbärenschädel aus der
Bärenhöhle bei Sonnenbühl-Erpfingen, Schwäbische Alb
(Baden-Württemberg)
Naturmuseum Senckenberg, Frankfurt am Main: Höhlen-
bärenskelett eines männlichen und eines weiblichen Tieres in
der Ausstellung sowie Höhlenbärenschädel in der
wissenschaftlichen Sammlung des Forschungsinstituts
Neanderthal-Museum im Neandertal bei Mettmann:
Knochen vom Höhlenbären
Niedersächsisches Landesmuseum, Hannover: Höhlenbären-
skelett aus Rübeland im Harz
Quadrat, Museum für Ur- und Ortsgeschichte, Bottrop:
Höhlenbärenskelette vor eiszeitalterlichen Tierfährten
Reiss-Engelhorn-Museen, Mannheim: Höhlenbärenskelett
Sophienhöhle im Ailsbachtal bei Waischenfeld, Fränkische
Alb, Oberfranken (Bayern): im Höhlenboden eingelagerte
Knochen und ein Skelett vom Höhlenbär
Sauerlandmuseum für Kunst- und Kulturgeschichte,
Attendorn: Höhlenbärenskelett
Spengler-Museum, Sangerhausen: Höhlenbärenzähne
Staatliches Museum für Naturkunde Stuttgart: Höhlenbären-
skelett aus den Ausgrabungen von Oscar Fraas (1821–1897)
von 1861 in der Bärenhöhle im Hohlenstein im Lonetal,
Gemarkung Asselfingen, Alb-Donau-Kreis (Schwäbische Alb)
Städtisches Museum für Vor- und Frühgeschichte, Balve:
Höhlenbärenskelett

Teufelshöhle bei Pottenstein, Fränkische Alb, Oberfranken
(Bayern): Höhlenbärenskelett
Stadtmuseum „Haus Kupferhammer", Warstein:
Höhlenbären-skelett aus der Warsteiner Bilsteinhöhle
Urwelt-Museum Oberfranken, Bayreuth: Diorama
einer eis-zeitalterlichen Höhle in der Fränkischen Alb mit
Dermoplastiken eines schlafenden Höhlenbären und eines
Höhlenlöwen, Vitrine mit Höhlenbärenschädeln aus der
Fränkischen Alb
Westfälisches Landesmuseum für Naturkunde, Münster: Höh-
lenbärenskelett aus der Balver Höhle bei Balve im Hönnetal

Österreich:
Eisenstädter Landesmuseum: Höhlenbärenskelett vor dem
rekonstruierten Eingang der Windener Bärenhöhle
(Burgenland)
Kammerhofmuseum Bad Aussee: Höhle mit Höhlenbären-
modell und Höhlenbärenfossilien (darunter ein Höhlenbären-
baby) aus der Salzofenhöhle bei Grundlsee im Toten Gebirge
(Steiermark)
Institut für Paläontologie der Universität Wien:
Höhlenbärenfossilien von verschiedenen Fundorten
Landesmuseum Joanneum, Graz: Funde vom Höhlenbären
Landesmuseum Kärnten, Klagenfurt am Wörthersee:
Teilskelett und mehrere Unterkiefer von Höhlenbären aus der
Höhle Potocka zijalka (Slowenien)
Museum auf der Festung Kufstein: Höhlenbärenskelette
aus der Tischoferhöhle bei Kufstein (Tirol)
Museum Burg Gollring: Höhlenbärenschädel
Museum im Amonhaus, Lunz am See: Höhlenbärenknochen
aus der Herdengelhöhle bei Lunz am See (Niederösterreich)
Naturhistorisches Museum Wien: Höhlenbärenskelett
Niederösterreichisches Landesmuseum St. Pölten: naturgetreu
nachgebaute Höhle mit Originalfunden vom Höhlenbären aus
der Schwabenreith-Höhle bei Lunz am See (Niederösterreich)

240

Österreichisches Felsbildermuseum, Spital am Pyhrn:
Höhlenbärenskelett
Stiftsmuseum, Kremsmünster: Höhlenbärenskelett aus der
Lettenmayerhöhle am linken Kremsufer bei Kremsmünster
(Oberösterreich)

Schweiz:
Bündner Naturmuseum, Chur: Rekonstruktion eines Höhlen-
bären nach Originalfunden aus der Drachenhöhle bei Mixnitz
in der Steiermark (Österreich) und Unterkiefer eines Höhlen-
bären aus der Sulzfluhhöhle bei Sankt Antönien im Rätikon
(Kanton St. Gallen)
Historisches Museum Sankt Gallen: Höhlenbärenfunde aus
dem Drachenloch bei Vättis im Taminatal (Kanton Sankt
Gallen)
Monte Generoso, Karsthöhle (Bärenhöhle) am Ostabhang
(Kanton Tessin): Höhlenbärenskelett und
Höhlenbärenknochen
Naturhistorisches Museum Basel: Höhlenbär aus dem Jura
Naturhistorisches Museum Freiburg: Höhlenbärenskelett aus
Knochenfunden dem Bärenloch am Spitzflue (Kanton Freiburg)
Zoologisches Museum der Universität Zürich: Höhlenbärskelett

Wissenschaftsautor Ernst Probst

Der Autor

Ernst Probst, geboren am 20. Januar 1946 in Neunburg vorm Wald im bayerischen Regierungsbezirk Oberpfalz, ist Journalist und Buchautor. Er arbeitete von 1968 bis 1971 als Volontär und Redakteur bei den „Nürnberger Nachrichten", von 1971 bis 1973 in der Zentralredaktion des „Ring Nordbayerischer Tageszeitungen" in Bayreuth und von 1973 bis 2001 bei der „Allgemeinen Zeitung", Mainz. Von 2001 bis 2006 war er zunächst als Buchverleger und später auch als Fossilien- und Antiquitätenhändler aktiv.

In seiner Freizeit schrieb Ernst Probst vor allem populärwissenschaftliche Artikel für die „Frankfurter Allgemeine Zeitung", „Süddeutsche Zeitung", „Die Welt", „Frankfurter Rundschau", „Neue Zürcher Zeitung", „Tages-Anzeiger", Zürich, „Salzburger Nachrichten", „Oberösterreichische Nachrichten", Linz, „Die Zeit", „Rheinischer Merkur", „Deutsches Allgemeines Sonntagsblatt", „bild der wissenschaft", „kosmos", „Deutsche Presse-Agentur" (dpa), „Associated Press" (AP) und den „Deutschen Forschungsdienst" (df).

Aus der Feder von Ernst Probst stammen zahlreiche Beiträge der Buchreihe „Geschichten, die die Forschung schreibt" sowie die Bücher „Deutschland in der Urzeit" (1986), „Deutschland in der Steinzeit" (1991), „Rekorde der Urzeit" (1992), „Dinosaurier in Deutschland" (1993 zusammen mit Raymund Windolf) und „Deutschland in der Bronzezeit" (1996).

2001 veröffentlichte Ernst Probst eine 14-bändige Taschenbuchreihe mit Biografien über berühmte Frauen („Superfrauen"). Insgesamt publizierte er mehr als 30 Bücher, darunter „Königinnen der Lüfte", „Königinnen des Tanzes", „Superfrauen aus dem Wilden Westen", „Der Schwarze Peter. Ein Räuber im Hunsrück und Odenwald", „Monstern auf der Spur. Wie die Sagen über Drachen, Riesen und Einhörner entstanden" und „Nessie. Das Monsterbuch".

Zusammen mit seiner Ehefrau Doris gab Ernst Probst die Titel „Der Ball ist ein Sauhund. Weisheiten und Torheiten über Fußball" sowie „Worte sind wie Waffen. Weisheiten und Torheiten über die Medien" heraus. Gemeinsam mit seiner Tochter Sonja war er Herausgeber des Titels „Meine Worte sind wie die Sterne. Die Rede des Häuptlings Seattle und andere indianische Weisheiten".

In Teamarbeit mit dem Paläontologen Dr. Jens Lorenz Franzen (früher Forschungsinstitut Senckenberg in Frankfurt am Main) aus Titisee-Neustadt und Altbürgermeister Heiner Roos aus Eppelsheim veröffentlichte Ernst Probst den Museumsführer „Das Dinotherium-Museum in Eppelsheim".

2009 erschienen die Taschenbücher „Der Ur-Rhein. Rheinhessen vor zehn Millionen Jahren", „Höhlenlöwen. Raubkatzen im Eiszeitalter" und „Säbelzahnkatzen. Von Machairodus bis zu Smilodon" von Ernst Probst.

Literatur

ABEL, Othenio: Lebensbilder aus der Tierwelt der Vorzeit, Jena 1921

ABEL, Othenio: Vorzeitliche Tierreste im Deutschen Mythos, Brauchtum und Volksglauben, Jena 1931

ABEL, Othenio / KYRLE, Georg: Die Drachenhöhle bei Mixnitz, Speläologische Monographien vom Speläologischen Institut beim Bundesministerium für Land- und Forstwirtschaft, Band VII–VIII, Wien 1939

AMBROS, Dieta / HILPERT, Brigitte / KAULICH, Brigitte: Das Windloch bei Sackdilling (Fränkische Alb, Süddeutschland). Lage, Forschungsgeschichte, Geologie, Paläontologie und Archäologie. Aus: AMBROS, Dieta / GROPP, Christoph / HILPERT, Brigitte / KAULICH, Brigitte: Neue Forschungen zum Höhlenbären in Europa, Abhandlungen der Naturhistorischen Gesellschaft Nürnberg 45/2005, S. 365–382, Nürnberg 2005

AMBROS, Dieta / HILPERT, Brigitte / KAULICH, Brigitte / REISCH, Ludwig / ROSENDAHL, Wilfried: Steinberg-Höhlenruine bei Hunas (HFA A 236). Aus: AMBROS, Dieta / GROPP, Christoph / HILPERT, Brigitte / KAULICH, Brigitte: Neue Forschungen zum Höhlenbären in Europa, Abhandlungen der Naturhistorischen Gesellschaft Nürnberg 45/2005, S. 325–342, Nürnberg 2005

BÄCHLER, Emil: Das Drachenloch ob Vättis im Taminatale. Jahrbuch der St. Gallischen Naturwissenschaftlichen Gesellschaft 57/I, St. Gallen 1920/21

BÄCHLER, Emil: Die Forschungsergebnisse im Drachenloch ob Vättis im Taminatale. Jahrbuch der St. Gallischen Naturwissenschaftlichen Gesellschaft 59, S. 79–118, St. Gallen 1923

BÄCHLER, Emil: Das alpine Paläolithikum der Schweiz. Monographien zur Ur- und Frühgeschichte der Schweiz, Band II, Basel 1940

BAUSCH, Walter Michael / KAMPHAUSEN, Donat / SCHWILLE, Paul O.: Der Nierenstein eines Höhlenbären aus dem Zahnloch bei Pottenstein (Quartär, Nördliche Frankenalb, Süddeutschland. Geologische Blätter NO. Bayern, 47, Heft 1–4, Festschrift Dr. Josef Theodor Groiss, S. 217–224, Erlangen 1997

BLUMENBACH, Friedrich: Handbuch der Naturgeschichte, dritte sehr verbesserte Ausgabe, Göttingen 1788

BLUMENBACH, Friedrich: Handbuch der Naturgeschichte, sechste Ausgabe, Göttingen 1799

BLUMENBACH, Friedrich: Specimen archaeologiae telluris terrarumque inprinus Hannoverrarum, Göttingen 1803

BLUMENBACH, Friedrich: Auch ein Wort über den prä-adamitischen fossilen Hölenbär *(Ursus spelaeus)*. Magazin für den neuesten Zustand der Naturkunde, 12, S. 522–523, Weimar 1806

BRAUN, Ingmar M. / ZESSIN, Wolfgang: Paläolithische Bärendarstellungen und Versuch einer zoologisch-ethnologischen Interpretation. Ursus, Mitteilungsblatt des Zoovereins und des Zoos Schwerin, 14. Jahrgang, Heft 1, s. 19-38, Schwerin 2008

BRÜCKMANN, Franz Ernst: De antro Scharfeldiano et Ibergensi. Epistola itineraria, 34, Wolfenbüttel 1734

BRÜCKMANN, Franz Ernst: Antra Draconum Liptoviensia. Epistola itineraria, 77, Wolfenbüttel 1739

CUVIER, Georges L.: Sur les ossemens du genre de'lours, qui se trouvent en grande quantité dans certaines cavernes d'Allemangne et de Hongrie. Art. I–VI., Annales du Muséum d'Histoire Naturelle, par les Professeures de cet établissement, Tome VII, S. 301–372, Paris 1806

CUVIER, Georges L.: Recherches sur les ossemens fossiles de quadrupedes, ou l'on retablit les caracteres de plusieurs especes d'animaux que les revolutions du globe paroissent avoir detruites, Paris (Deterville) 1812

CUVIER, Georges L.: Recherches sur les ossemens fossiles. Nouvelle edition, Tome IVme (Ruminans & Carnassiers), Chap. II, S. 291–309, Chap. III, S. 11–380, Paris 1823

CUVIER, Georges L.: The Animal Kingdom, Arranged after its Organization, Forming a Natural History of Animals, and an Introduction to Comparative Anatomy, London 1849

DARGA, Robert: Der Höhlenbär – ein Lebensbild. Aus: ROSENDAHL, Wilfried / DARGA, Robert / KÜHN, Ralph / PACHER, Martina: Der Höhlenbär in Bayern, S. 20–24, München 2000

DARGA, Robert / DÖPPES, Doris / ROSENDAHL, Gaelle / ROSENDAHL, Wilfried: Ergebnisse der paläontologischen Ausgrabungen 2004 in der „Neuen Laubenstein-Bärenhöhle" (NLB), Chiemgauer Alpen. Jahresbericht und Mitteilungen, Freunde der Bayerischen Staatssammlung für Paläontologie und historische Geologie München, Band 33 (2004), S. 52–62, München 2005

DARGA, Robert / DÖPPES, Doris / ROSENDAHL, Gaelle / ROSENDAHL, Wilfried: The Neue Laubenstein-Bärenhöhle (NLB), Chiemgau Alps/Bavaria – Results of palaeontological excavations 2004. Naturhistorische Gesellschaft Nürnberg, Abhandlungen, Band 45, S. 65–72, Nürnberg 2005

DARGA, Robert / ROSENDAHL, Wilfried: Die Neue Laubenstein-Bärenhöhle (1341/33) Chiemgau – Entdeckung und erste Forschungsergebnisse. Mitteilungen des Verbandes deutscher Höhlen- und Karstforscher, 47 (3), S. 60–66, München 2001

DIEDRICH, Cajus: Seltene Freilandfunde des Höhlenbären *Ursus spelaeus* ROSENMÜLLER 1794 aus den oberpleistozänen Emscher- und Weserkiesen (Norddeutschland). Philippa 11/3, S. 201–209, Kassel 2004

DIEDRICH, Cajus: Die oberpleistozäne Population von *Ursus spelaeus* ROSENMÜLLER 1794 aus dem eiszeitlichen Fleckenhyänenhorst Perick-Höhlen von Hemer (Sauerland, NW Deutschland). Philippa 12/4, S. 275–346, Kassel 2006

DIEDRICH, Cajus: The holotypes of the upper Pleistocene *Crocuta crocuta spelaea* (Goldfuss, 1823: Hyaenidae) and *Panthera leo spelaea* (Goldfuss, 1810: Felidae) of the Zoolithen Cave hyena den (South Germany) and their palaeo-ecological interpretation. The Linnean Society of London, Zoological Journal of the Linnean Society, 154, S. 822–831, London 2008

DÖPPES, Doris / KEMPE, Stephan / ROSENDAHL, Wilfried: Dated Paleontological cave sites of Central Europe from Late Middle Pleistocene to early Upper Pleistocene (OIS 6 to OIS 8). Quaternary International, 187, S. 97–104, Amsterdam 2008

DÖPPES, Doris / MÜGGE, Vera / ROSENDAHL, Wilfried: Die Leiden eines alten Bären – eine neue Knochengeschichte aus den Mosbacher Sanden (Wiesbaden-Biebrich). Hessen-Archäologie, Jahrbuch zur Archäologie und Paläontologie in Hessen, 2006, S. 16–18, Stuttgart 2007

DÖPPES, Doris / RABEDER, Gernot: Pliozäne und plei-stozäne Faunen Österreichs. Ein Katalog der wichtigsten Fund-stellen und ihrer Faunen (Endbericht des Forschungsberichtes Nr. 9320 des „Fonds zur Förderung der wissenschaftlichen Forschung") mit Beiträgen von Petra Cech, Doris Döppes, Thomas Einwögerer, Florian A. Fladerer, Christa Frank, Karl Mais, Doris Nagel, Marion Niederhuber, Martina Pacher, Rudolf Pavuza, Gernot Rabeder, Christian Reisinger, Harald Temmel, Gerhard Withalm. Mitteilungen der Kommission für Quartär-forschung der Österreichischen Akademie der Wissenschaften, Band 10, Wien 1997

DÖPPES, Doris / ROSENDAHL, Wilfried: Von Sauriern, Südelefanten und Höhlenbären – Tierknochenfunde aus Höhlen. Aus: KEMPE, Stephan / ROSENDAHL, Wilfried (Herausgeber): Höhlen. Verborgene Welten, S. 90–101, Darmstadt 2008

DRÖSSLER, Rudolf: Kunst der Eiszeit. Von Spanien bis Sibirien, Leipzig 1980

EDINGER, Tilly, Der Harnstein eines Höhlenbären. Palä-ontologische Zeitschrift 15, S. 349–355, Berlin 1933

EHRENBERG, Kurt: Die Ergebnisse der Ausgrabungen in der Schreiberwandhöhle am Dachstein. Paläontologische Zeitschrift 11 (3), S. 261–268, Berlin 1929

248

ESPER, Johann Friedrich: Ausführliche Nachricht von neu-entdeckten Zoolithen unbekannter vierfüsiger Thiere, und denen sie enthaltenden, so wie verschiedenen anderen, denkwürdigen Grüften der Obergebürgischen Lande des Markgrafenthums Bayreuth, Nürnberg 1774

ESPER, Johann Friedrich: Kurze Beschreibung der in den Osteolithen Grüften bey Gailenreuth ohnweit Muggendorf im Baireutischen neuerlich entdeckten Merkwürdigkeiten. [Fn.:] nach der von dem nunmehr verstorbenen Herrn Superint. Esper über die ihm aufgetragene neuere Untersuchung, erstatteten Anzeige vom Jahr 1778, bearbeitet. Fränkisches Archiv, 1, S. 77–105, Ansbach 1778/1790

GOLDFUSS, Georg August: Die Umgebung von Muggendorf, ein Taschenbuch für Freunde der Natur und Alterthumskunde, Erlangen 1810

GROISS, Josef Theodor / KAMPHAUSEN, Donat: Der Höhlenbär. *Ursus spelaeus* Rosenmüller, 1794, Aus: GANS-LOSSER, Udo: Die Bären, S. 67–88, Fürth 2000

HÄNNI, Catherine / LAUDAT, Vincent / STEHELIN, Dominique / TABERLET, Pierre: Tracking the originis of the cave bear *(Ursus spelaeus)* by mitochondrial DNA sequencing. Proceedings of the National Academy of Sciences of United States of America, 91, 12336–12340, Washington 1994

HELLER, Florian (Editor): Die Zoolithenhöhle bei Burg-gaillenreuth/Ofr. 200 Jahre wissenschaftliche Forschung. 1771–1971, Erlanger Forschungen, B, 5, Erlangen 1972

HILPERT, Brigitte: New finds of *Ursus arctos* from the Cave ruin Hunas – A preliminary report. Aus: ROSENDAHL, Wilfried / MORGAN, Mark / LÒPEZ-CORREA, Matthias: Cave-Bear-Researches/Höhlen-Bären-Forschungen. Abhandlungen zur Karst- und Höhlenkunde, 34, S. 27–29, München 2002

HILPERT, Brigitte: Osterloch and Gentnerhöhle – Two cave bear-caves of the Franconian Alb, Southern Germany. Cahiers scientifiques of the Centre de Conservation et d'Etudes des Collections, Hors série n°2 (2004), S. 99–102, Lyon. (Actes du 9ᵉ

Symposium international sur l'ours des cavernes, Entrement-le-Vieux (Savoie, France), septembre 2003), Lyon 2004

HILPERT, Brigitte: Ungewöhnliche Reduktionserscheinungen an Zähnen von *Ursus spelaeus* aus der Zoolithenhöhle bei Burggaillenreuth. Mitteilungen der Kommission für Quartärforschung der Österreichischen Akademie der Wissenschaften, 14, S. 53–57, Wien 2005

HILPERT, Brigitte: Der Beginn wissenschaftlichen Arbeitens in Höhlen. Die Befahrung der Zoolithenhöhle bei Burggaillenreuth durch Joh. Fr. ESPER (1774). Natur und Mensch, Jahresmitteilungen der Naturhistorischen Gesellschaft 2004, S. 35–46, Nürnberg 2005

HILPERT, Brigitte: Studies of the morphology of the bears from the Steinberg-Höhlenruine near Hunas. Aus: AMBROS, Dieta / GROPP, Christoph / HILPERT, Brigitte / KAULICH, Brigitte: Neue Forschungen zum Höhlenbären in Europa, Abhandlungen der Naturhistorischen Gesellschaft Nürnberg 45/2005, S. 117–124, Nürnberg 2005 (Vortrag)

HILPERT, Brigitte: Johann Friedrich Esper und seine Forschungen in der Zoolithenhöhle bei Burggaillenreuth. Aus: AMBROS, Dieta / GROPP, Christoph / HILPERT, Brigitte / KAULICH, Brigitte: Neue Forschungen zum Höhlenbären in Europa, Abhandlungen der Naturhistorischen Gesellschaft Nürnberg 45/2005, S. 129–142, Nürnberg 2005. (Poster)

HILPERT, Brigitte: The Ursids from Hunas – Revision of the bear finds from the Steinberg-Höhlenruine near Hunas, Community of Pommelsbrunn, Bavaria. Aus: AMBROS, Dieta / GROPP, Christoph / HILPERT, Brigitte / KAULICH, Brigitte: Neue Forschungen zum Höhlenbären in Europa, Abhandlungen der Naturhistorischen Gesellschaft Nürnberg 45/2005, S. 125–128, Nürnberg 2005 (Poster)

HILPERT, Brigitte: Die Ursiden von Hunas – Revision und Neubearbeitung der Bärenfunde aus der Steinberg-Höhlenruine bei Hunas (Gde. Pommelsbrunn, Mittelfranken, Bayern). Den Naturwissenschaftlichen Fakultäten der Friedrich-

Alexander-Universität Erlangen-Nürnberg zur Erlangung des Doktorgrades vorgelegt von HILPERT, Brigitte aus Nürnberg, Erlangen 2006

HILPERT, Brigitte / KAULICH, Brigitte: Eiszeitliche Bären aus der Frankenalb – Neue Ergebnisse zu den Höhlenbären aus dem Osterloch in Hegendorf, der Petershöhle bei Velden und der Gentnerhöhle bei Weidlwang. Mitteilungen des Verbandes deutscher Höhlen- und Karstforscher, 52 (4), S. 106–113, München 2008

HILPERT, Brigitte / KAULICH, Brigitte: Die Petershöhle bei Velden (Fränkische Alb, Süddeutschland). Lage, Forschungsgeschichte, Stratigraphie, Paläontologie, Archäologie und Chronologie. Aus: AMBROS, Dieta / GROPP, Christoph / HILPERT, Brigitte / KAULICH, Brigitte: Neue Forschungen zum Höhlenbären in Europa, Abhandlungen der Naturhistorischen Gesellschaft Nürnberg 45/2005, S. 343–364, Nürnberg 2005

HILPERT, Brigitte / KAULICH, Brigitte / ROSENDAHL, Wilfried: Die Zoolithenhöhle bei Burggaillenreuth (Fränkische Alb, Süddeutschland). Forschungsgeschichte, Geologie, Paläontologie und Archäologie. Aus: AMBROS, Dieta / GROPP, Christoph / HILPERT, Brigitte / KAULICH, Brigitte: Neue Forschungen zum Höhlenbären in Europa, Abhandlungen der Naturhistorischen Gesellschaft Nürnberg 45/2005, S. 259–304, Nürnberg 2005

HILPERT, Brigitte / KELLER, Thomas / SANDER, Anne: Ein bemerkenswerter Höhlenbären-Fund aus dem eiszeitlichen Gipskarst Nordhessens. Hessen-Archäologie 2007 (Jahrbuch für Archäologie und Paläontologie in Hessen), S. 16–19, Wiesbaden 2008

HORST, Johann Daniel: Observationum Anatomicarum Debas, Frankfurt am Main 1656

JELINEK, Jan: Das große Bilderlexikon des Menschen in der Vorzeit, Gütersloh 1976

KAHLKE, Hans-Dietrich: Die Eiszeit, Leipzig 1994

KEMPE, Stephan / DUNSCH, Boris / FETKENHEUER, Klaus / NAUMANN. Gottfried / REINROTH, Fritz: Die Baumannshöhle bei Rübeland/Harz im Spiegel der wissenschaftlichen Literatur vom 16. bis zum 18. Jahrhundert: Lateinische Quellentexte. Braunschweiger Naturkundliche Schriften, 7 (1), S. 171–215, Braunschweig

KOENIGSWALD, Wighart von: Lebendige Eiszeit, Darmstadt 2007

KURTÉN, Björn: Sex Dimorphism and Size Trends in The Cave Bear, *Ursus spelaeus* ROSENMÜLLER and HEINROTH. Acta Zoologica Fennica, 90, S. 1–48, Helsinki 1955

KURTÉN, Björn: The Cave Bear Story. Columbia University Press, 1nd ed., New York 1976

KURTÉN, Björn: The Cave Bear Story, Life and Death of a Vanished Animal. Columbia University Press, 2nd ed., New York 1995

NIELBOCK, Ralf: Quartärfaunen am südwestlichen Harzrand. Die Kunde Neue Folge 45, S. 191–220, Hannover 1994

PACHER, Martina: Die pleistozäne Höhlenfundstelle Potocka zijalka in Slowenien. Geologisch-Paläontologische Mitteilungen Innsbruck, Band 23, S. 67–75, Innsbruck 1998

PACHER, Martina: Höhlenbär und Mensch: Tatsachen und Vermutungen. Aus: RABEDER, Gernot / NAGEL, Doris / PACHER, Martina: Der Höhlenbär. Species 4, S. 82–104, Stuttgart 2000

PACHER, Martina / STUART, Anthony J.: Extinction chronology and palaeobiology of thje cave bear *(Ursus spelaeus)*. Boreas, New York 2008

PROBST, Ernst: Deutschland in der Urzeit. Von der Entstehung des Lebens bis zum Ende der Eiszeit, München 1986

PROBST, Ernst: Deutschland in der Steinzeit, München 1991

PROBST, Ernst: Monstern auf der Spur. Wie die Sagen über Drachen, Riesen und Einhörner entstanden, München 2008

PROBST, Ernst: Rekorde der Urzeit. Landschaften, Pflanzen und Tiere, München 2008

PROBST, Ernst: Rekorde der Urmenschen. Erfindungen, Kunst und Religion, München 2008

PROBST, Ernst: Höhlenlöwen. Raubkatzen im Eiszeitalter, München 2009

PROBST, Ernst: Säbelzahnkatzen. Von Machairodus bis zu Smilodon, München 2009

RABEDER, Gernot: Modus und Geschwindigkeit der Höhlenbären-Evolution. Schriften des Vereines zur Verbreitung naturwissenschaftlicher Kenntnisse in Wien, 127, S. 105–226, Wien 1989

RABEDER, Gernot: Die Höhlenbären der Conturines. Entdeckung und Erforschung einer Dolomitenhöhle in 2800 m Höhe, Bozen 1991

RABEDER, Gernot: Die Evolution des Höhlenbärengebisses. Mitteilungen der Kommission für Quartärforschung der Österreichischen Akademie der Wissenschaften, 11, S. 1–102, Wien 1999

RABEDER, Gernot / HOFREITER, Michael: Der neue Stammbaum der alpinen Höhlenbären. Die Höhle, 55. Jahrgang, Heft 1–4, S. 1–19, Wien 2004

RABEDER, Gernot / HOFREITER, Michael / NAGEL, Doris / PACHER, Martina: Der Höhlenbär. Species 4, Stuttgart 2000

RABEDER, Gernot, / NAGEL, Doris / WITHALM, Gerhard: New Taxa of Alpine Cave Bears (Ursidae, Carnivora). Documents des Laboratories de Géologie Lyon. Hors série 2, S. 49–68, Lyon 2004

RATHGEBER, Thomas: Die quartären Säugetier-Faunen der Bären- und Karlshöhle bei Erpfingen im Überblick. Laichinger Höhlenfreund, 38 (2), S. 107–144, Laichingen 2003

RATHGEBER, Thomas: Die quartäre Tierwelt der Höhlen um Veringenstadt (Schwäbische Alb). Laichinger Höhlenfreund, 39 (1), S. 207–228, Laichingen 2004

REICHENAU, Wilhelm von: Über eine neue fossile Bären-Art *Ursus deningeri* aus den fluviatilen Sanden von Mosbach. Jahrbücher des nassauischen Vereins für Naturkunde, 57, S. 1–11, Wiesbaden 1904

REICHENAU, Wilhelm von: Beiträge zur näheren Kenntnis der Carnivoren aus den Sanden von Mauer und Mosbach. Abhandlungen der Großherzoglichen Hessischen Geologischen Landesanstalt zu Darmstadt, Band IV, Heft 2, S. 189–313, Darmstadt 1906

RIEDER, Karl Heinz: Kritische Analyse alter Grabungsergebnisse aus dem Hohlen Stein bei Schambach aus der Sicht der Profiluntersuchungen von 1977–1982. Dissertation, Tübingen 1992

ROSENDAHL, Wilfried: Tropfsteinkreis und Bärenschädel. Ritus, Tradition, Religion – die Geisteswelt der Neandertaler. Bild der Wissenschaft, 3/1998, S. 63–65, Stuttgart 1998

ROSENDAHL, Wilfried: Finds of *Ursus spelaeus* (Rosenmüller, 1794) from historical cave sites and karst fissures in the Neander Valley, Germany. Beiträge zur Paläontologie, Nr. 25, S. 171–175, Wien 2000

ROSENDAHL, Wilfried: Die Zoolithenhöhle bei Burggaillenreuth/Fränkische Schweiz. Aus: WEIDERT, Werner K. (Editor): Klassische Fundstellen der Paläontologie, Band 4, S. 235–244, Korb 2001

ROSENDAHL, Wilfried: Neandertal und Neandertaler. Aus: WEIDERT, Werner K. (Editor): Klassische Fundstellen der Paläontologie, Band 4, S. 255–264, Korb 2001

ROSENDAHL, Wilfried: Höhleninhalte – Spiegelbilder pleistozäner Umweltverhältnisse. Aus: ROSENDAHL Wilfried / HOPPE, Andreas (Herausgeber): Angewandte Geowissen-schaften in Darmstadt. Schriftenreihe der deutschen Geologischen Gesellschaft, Heft 15, S. 145–156, Hannover 2002

ROSENDAHL, Wilfried: Höhlenbären und Tropfsteinkalender. Aus: BEDACHT, Andreas / EGER, Oliver (Herausgeber): Fahrt in die Tiefe – Ein Handbuch für Höhlenbefahrungen, S. 41–49, Augsburg 2004

ROSENDAHL, Wilfried: Neue Erkenntnisse zur Vorgeschichte der Zoolithenhöhle bei Burggaillenreuth/Nördliche Frankenalb,

Süddeutschland. Die Höhle, 56. Jg., Heft 1–4, S. 24–28, Wien 2005

ROSENDAHL, Wilfried: Johann Christian Rosenmüller (1771–1820) – „Vater des Höhlenbären". Fossilien, 5/06, S. 350–354, Korb 2006

ROSENDAHL, Wilfried: Über die wahre Natur der in Höhlen hausenden Drachen. Aus: JOGER, Ulrich / LUCKHARDT, Jochen (Herausgeber): Schlangen und Drachen, S. 93–97, Darmstadt 2007

ROSENDAHL, Wilfried: Die Rübeländer Höhlen (Oberes Pleistozän). Aus: BACHMANN, Gerhard H. / EHLING, Bodo-Carlo / EICHNER Rudolf / SCHWAB, Max (Herausgeber): Geologie von Sachsen-Anhalt, S. 342–343, Stuttgart 2008

ROSENDAHL, Wilfried / DARGA, Robert / KÜHN, Ralph / PACHER, Martina: Der Höhlenbär in Bayern, München 2000

ROSENDAHL, Wilfried / DÖPPES, Doris / JOGER, Ulrich / LASKOWSKI, Rainer / LÓPEZ CORREA, Matthias / NIELBOCK, Ralf / WREDE, Volker: New radiometric datings of different Cave Bear sites in Germany – results and interpretations. Bulletin de la Société d'Histoire Naturelle de Toulouse, Vol. 141-1, S. 39–46, Toulouse 2005

ROSENDAHL, Wilfried / DÖPPES, Doris: Trace Fossils from Bears in Caves of Germany and Austria. Scientific Annals, School of Geology, Aristotle University, Special Volume 98, S. 161–169, Thessaloniki 2006

ROSENDAHL, Wilfried / DÖPPES, Doris: Höhlenkundliche museale Präsentationen in Deutschland und Österreich – Ein wichtiger Beitrag zum Geotopschutz und zur Umweltbildung. Abhandlungen der Geologischen Bundesanstalt, Band 60, Heft 51, S. 173–181, Wien 2007

ROSENDAHL, Wilfried / GRUPE, Gisela: Mittelwürmzeitliche Höhlenbären und ihre Nahrungspräferenz. Forschungen aus der Neuen Laubenstein-Bärenhöhle / Chiemgau. Mitteilungen der Bayerischen Staatssammlung für Paläontologie und historische Geologie, 41, S. 85–94, München 2001

ROSENDAHL, Wilfried / KAULICH, Brigitte: Skelettreste eines neonaten Höhlenbären (*Ursus spelaeus* Rosenmüller, 1794) aus der Petershöhle bei Velden (Fränkische Alb, Süddeutschland). Neues Jahrbuch für Geologie und Paläontologie. Monatshefte, 2004 (3), S. 168–180, Stuttgart 2004

ROSENDAHL, Wilfried / KEMPE, Stephan: New Geological and Palaeontological Investigations in the Zoolithen Cave, Southern Germany. Cahiers scientifiques du Muséum d'histoire naturelle de Lyon, No. 2, S. 69–74, Lyon 2004

ROSENDAHL, Wilfried / KEMPE, Stephan: *Ursus spelaeus* ROSENMÜLLER 1794 and not ROSENMÜLLER & HEIN-ROTH – Johann Christian Rosenmüller, his life and the *Ursus spelaeus*. Naturhistorische Gesellschaft Nürnberg, Abhandlungen, Band 45, S. 191–198, Nürnberg 2005

ROSENDAHL, Wilfried / KEMPE, Stephan / DÖPPES, Doris: The scientific discovery of „*Ursus spelaeus*". Naturhistorische Gesellschaft Nürnberg, Abhandlungen, Band 45, S. 199–214, Nürnberg 2005

ROSENDAHL, Wilfried / MORGAN, Mark / LÓPEZ CORREA, Matthias: Cave-Bear-Researches/Höhlen-Bären-Forschungen. Abhandlungen Karst- und Höhlenkunde, Heft 34, München 2002

ROSENDAHL, Wilfried / WIEGAND, Bettina / KAULICH, Brigitte / REISCH, Ludwig: Zur Altersstellung der mittel-paläolithischen Höhlenfundstelle Hunas/Ldkr. Nürnberger Land. Ergebnisse und Interpretationen alter und neuer Sinteruntersuchungen. Germania, 84 (1), S. 1–18, Mainz 2006

ROSENMÜLLER, Johann Christian: Quaedam de ossibus fossilibus animalis cuiusdam, historiam eius et cognitionem accuratiorem illustrantia, disertatio, quam d. 22. Octob. 1794. Ad disputandum proposuit Ioannes Christ. Rosenmüller Heßberga-Francus, LL.AA.M. in Theatro anatomico Lipsiensi Prosector assumto socio Io. Chrs. Aug. Heinroth Lips. Med. Stud. Cum tabula aenea, Leipzig 1794

ROSENMÜLLER, Johann Christian: Beiträge zur Geschichte und nähern Kenntniß fossiler Knochen, Leipzig 1795

ROSENMÜLLER, Johann Christian: Abbildungen und Beschreibungen der fossilen Knochen des Höhlenbären. Description des os fossiles de l'Ours des Cavernes avec figures, Weimar 1804

SCHAEFER, Hans: Der Höhlenbär. Veröffentlichungen aus dem Naturhistorischen Museum Basel, Nr. 2, Basel 1961

SOERGEL, Wolfgang: Das Massenvorkommen der Höhlenbären, die biologische und ihre stratigraphische Deutung, Jena 1940

STEINER, Walter: Der Travertin von Ehringsdorf und seine Fossilien, Wittenberg 1981

VOLLGNAD, Heinrich: Observatio CLXX. De Draconibus Carpathicis et Transsylvanicis. Miscellanea Curiosa Medico-Physica Academiae Naturae Curiosorum, sive Ephemeridum Medico-Physicarium Germanicarum, 226–229, Frankfurt und Leipzig 1676

VOLPI, Guiseppe de, 1821: Über ein bey Adelsberg neuentdecktes Paläotherium. Maldinische Schriften, 31, Triest 1821

WAGNER, Andreas: Bemerkungen über die Artrechte der antediluvianischen Höhlenbären. Gelehrte Anzeigen, herausgegeben von Mitgliedern der königlich bayrischen Akademie der Wissenschaften, 15, S. 11–15, 18–24, 26–32, München 1842

Bildquellen

Archiv Friedrich-Schiller-Universität Jena: 148
Heinz Bächler, Engelsburg bei Sankt Gallen: 12 (2. Foto von unten), 64
Remie Bakker, Bildhauer, Rotterdam: 11 unten, 138 unten
Rene Bleuanus, Gorinchem, Niederlande: 86
Bündner Naturmuseum, Chur: 214 unten, 215 oben, 215 unten
Dr. Robert Darga, Naturkunde- und Mammut-Museum Siegsdorf: 9 unten, 100
Deutsche Fotothek, Foto: Roger Rössing (1929–2006), Berlin, Dresden, Leipzig: 198 oben, 224
Professor Dr. Mikael Fortelius, Department of Geology and Institute of Biolotechnology, University of Helsinki: 8 unten, 84
Foto: P. Frankenstein / H. Zwietasch: Landesmuseum Württemberg, Stuttgart: 174
André Glory, Paris: 179
Heinrich Harder (1858–1935), Gemälde zur Illustration von 30 Sammelkarten mit dem Titel „Tiere der Urwelt" um 1920: 103, 136 unten, 137 oben, 137 unten
Ulrich H. J. Heidtke, Niederkirchen (Pfalz): 32 links und 32 rechts, 108 unten, 109 oben, 109 unten
Suzanne Hein-Hoffmann, Frankfurt am Main: 140
Dr. Brigitte Hilpert, Geozentrum Nordbayern, Fachgruppe PaläoUmwelt, Erlangen: 8 oben, 68 oben, 71, 72, 104, 108 oben, 141, 162, 206 unten
Knödler Verlag Reutlingen (Reproduktion aus dem Jugendroman „Rulaman"): 13 unten, 186 oben
Professor Dr. Hans-Jürg Kuhn, Göttingen: 15 oben, 236
Landesamt für Denkmalpflege Hessen, Abteilung Archäologie und Paläontologie, Schloss Biebrich, Wiesbaden: 25 oben
Museum am Löwentor, Stuttgart: 138 oben

Museum of Comparative Zoology, Harvard University: 210
oben
Naturmuseum Sankt Gallen: 12 unten, 158 unten
Naturhistorisches Museum Mainz / Landessammlung für
Naturkunde Rheinland-Pfalz: 23, 25 unten, 26, 28 oben, 206
oben
Toni Nigg (1908–2000), Zeichner, Maler und Kupferstecher: 6
oben, 20
Stefan Otto, Fossilienhandel Otto, Wiesbaden: 191 unten links
Photothéque Homéopathique: 38 unten links
Pixelio, Bilderdatendank für lizenzfreie Fotos, www.pixelio.de,
Pixelio-Mitglied Wolfgamg Arndt, Zeithain: 137 oben
Portrait Prints of Men and Women of Science and
Technology in the Dibner Library (Urheber: James Thomson
1789–1850): 38 unten rechts
Ernst Probst, Mainz-Kostheim: 11 (2. Foto von unten),
15 unten (Foto: Klaus Benz, Mainz-Laubenheim), 132, 226,
242
Quadrat Bottrop, Museum für Ur- und Ortsgeschichte (Foto:
Hagen Schulz-Hanke): 53
o. Univ.Professor Dr. Gernot Rabeder, Institut für
Paläontologie Universität Wien (Foto: Rudolf Gold): 7, 46
oben
Radio Prague, Prag: 58
Thomas Rathgeber, Staatliches Museum für Naturkunde,
Stuttgart: 130
Reproduktionen aus: ABEL, Othenio: Die vorzeitlichen
Säugetiere, Jena 1914: 50
Reproduktion aus: ABEL, Othenio: Lebensbilder aus der
Tierwelt der Vorzeit, Jena 1927: 10 oben, 106, 172 unten, 176
unten
Reproduktion aus BÄCHLER, Emil: Das alpine Paläolithikum
der Schweiz. Monographien zur Ur- und Frühgeschichte der
Schweiz, Band II, Basel 1940: 160

Reproduktion aus: BEGOUËN, Henri / BREUIL, Henri:
Les cavernes du Volp, Trois-Frères – Tuc d'Audobert a
Montesquieu-Aventès (Ariège), Paris 1958: 176 oben
Reproduktion aus: BÖLSCHE, Wilhelm: Entwicklungs-
geschichte der Natur, Band 2, Berlin 1896: 8 (2. Bild von
unten), 78
Reproduktion aus: ESPER, Johann Friedrich: Ausführliche
Nachricht von neuentdeckten Zoolithen unbekannter
vierfüsiger Thiere, und denen sie enthaltenden, so wie
verschiedenen anderen, denkwürdigen Grüften der
Obergebürgischen Lande des Markgrafenthums Bayreuth,
Nürnberg 1774: 192 oben
Reproduktion aus FUHLROTT, Carl: Menschliche Ueberreste
aus einer Felsengrotte des Düsselthals. Ein Beitrag zur Frage
über die Existenz fossiler Menschen. Verhandlungen des
naturhistorischen Vereins der preussischen Rheinlande und
Westfalens, Bonn 1859: 144 unten links
Reproduktion aus: GESNER, Konrad: Thierbuch, 1551–1558:
72 unten, 73 unten
Reproduktion aus: GOLDFUSS, Georg August: Die
Umgebungen von Muggendorf, Erlangen 1810: 76
Reproduktion aus: „Meyers Konservationslexikon", Leipzig
und Wien 1892. 136
Reproduktion aus: KIRCHER, Athanasius: Mundus
Subterraneus, Amsterdam 1678: 73 oben, 107
Reproduktion aus: MONTELIUS, Oscar: Om lifvet i Sverige
under hednatiden, Stockholm 1905
Reproduktionen aus: PROBST, Ernst: Deutschland in der
Urzeit, München 1986:
28 unten, 30, 31, 185 (Gemälde von Fritz Wendler (1941–
1995), Obergotzing),
180 (Karte von Adolf Böhm, Aschheim)
Reproduktionen aus: PROBST, Ernst: Deutschland in der
Steinzeit, München 1991:
13 (2. Bild von unten) (Gemälde von Fritz Wendler (1941–

1995), Obergotzing), 12 (oben), 12 (2. Bild von oben),
142, 146, 150, 154, 156, 220 (Zeichnungen von Fritz Wendler,
Obergotzing)
Reproduktion aus: STREET-JENSEN, Jorn: Christian
Jürgensen Thomsen und Ludwig von Lindenschmit. Eine
Gelehrtenkorrespondenz aus der Frühzeit der Altertumskunde
(1853–1864), Mainz: 166
Reproduktion aus WOODWARD, Horace B.: The History of
the Geological Society of London, London 1907 (Gemälde
von 1843): 54 unten
Reproduktion des Gemäldes „Carolus Linnaeus" (1775) von
Alexander Roslin (1718—1793): 194 unten
Reproduktion des Sternbildes Großer Bär aus dem Sternatlas
von Johann Elert Bode (1747–1826) von 1782: 188 oben
Reproduktion einer Fotografie vor 1898
(www.prehistorico.ifrance.com): 13 oben, 168 unten
Reproduktion einer Rekonstruktion des Neandertalers aus
dem Jahre 1888 durch den Bonner Anatomen und
Anthropologen Hermann Schaaffhausen (1816–1893): 144
oben links
Reproduktion einer 1869 in der Zeitschrift „Gartenlaube"
erschienenen Zeichnung der Dechenhöhle bei Iserlohn-
Letmathe mit dem Titel „Die große Höhle an der Grüne bei
Iserlohn" von C. Hoff (zur Verfügung gestellt von
Heimatverein Letmathe e.V. Iserlohn): 81
Reproduktion einer 1869 in „Ueber Land und Meer.
Allgemeine Illustrierte Zeitung" erschienenen Zeichnung der
Dechenhöhle bei Iserlohn-Letmathe mit dem Titel „Die
neuentdeckte Höhle bei Iserlohn an der Ruhr-Sieg-Bahn" von
F. Ludwig (zur Verfügung gestellt von Heimatverein Letmathe
e.V. Iserlohn): 80
Reproduktion einer Zeichnung: 13 (2. Bild von oben), 176
oben
Reproduktion einer Zeichnung von Conrad Bruno (1616–
1671) aus Merians „Topographia Braunschweig-Lüneburg": 14
(2. Bild von oben), 228

Reproduktion einer Zeichnung von Augustin Hirsvogel
(1503–1553): 153
Reproduktion einer Zeichnung von Christian Hohe (1798–
1868)aus dem Jahre 1835 (Stadtarchiv Bonn): 62 unten
Reproduktion einer Zeichnung von Joseph Anton Nagel
(1717–1800) aus dem Jahre 1747: 7 (2. Bild von unten), 56
Reproduktion einer Zeichnung von Michael Sachs (†1893) aus
der „Allgemeinen Illustrierten Zeitung" aus dem Jahre 1885:
14 oben, 202
Reproduktion einer Zeichnung von Gerhard Wandel (1906–
1972): 188 unten
Reproduktion eines Gemäldes (Museum Esslingen) um 1890:
186 unten
Reproduktion eines Gemäldes von Bernhard Christoph
Francke (gest. 1729) um 1700, (Original im Herzog-Anton-
Ulrich-Museum in Braunschweig): 192 unten
Reproduktion eines Gemäldes von Ozias Humphrey (1742–
1810)um 1779: 196 unten
Reproduktion eines Gemäldes von Alexander Roslin (1718–
1793) aus dem Jahre 1775: 194 unten
Reproduktion: Steinmann-Institut für Paläontologie,
Unversität Bonn: 8 (2. Bild von oben), 74
Andreas E. Richter, Richter-Fossilien, Augsburg:
10 (2. Foto von oben), 110 oben, 110 unten, 111 oben, 111
unten, 112 oben, 112 unten, 115 unten, 118 oben,
118 unten, 191 unten rechts
Dr. Wilfried Rosendahl, Kurator, Reiss-Museen Mannheim: 6
(2. Bild von oben, 2. Bild von unten), 9 (2. Bild von unten), 11
(2. Foto von oben), 34 oben, 36, 38 oben, 54 oben, 60 unten,
62 oben, 96, 128, 222
Staatliches Museum für Naturkunde Stuttgart: 189 oben, 189
unten
Shuhei Tamura, Kanagawa, Japan: 34 unten
The National Library of Medicine, Porträt von J. W. Kobolt
(Public domain): 196 oben

262

Universität Wien: 208 unten links, 208 unten rechts, 210 unten
U.S. Fish and Wildlife Service: 9 (2. Foto von oben), 10 unten,
11 oben, 95, 98, 102 oben (John und Karen Hollingworth),
122, 126 oben
Verkehrsamt Muggendorf-Streitberg, Muggendorf: 6 unten,
42
Verschönerungs- und Verkehrsverein Biebrich am Rhein e. V.
/ Heimatmuseum Biebrich: 22, 24 oben, 24 unten
Wikipedia (Online-Lexikon:
7 (2. Bild von oben), 168 oben, 194 oben (www.sil.si.edu/
digitalcollections/hst/scientific-indenty/explore.htm), 204
oben, 204 unten
Wikipedia: User AlterVista: 102 unten
Wikipedia: User José-Manuel Benito: 212 oben
Wikipedia: User Matthias Asgeirsson: 121
Wikipedia: User Bonanza: 208 oben
Wikipedia: User Jan van der Crabben, Fotograf: 7 unten, 60
oben
Wikipedia User Darkone: 40 links unten
Wikipedia: User Hadi: 14 unten, 88
Wikipedia: User Hejkal: 198 unten
Wikipedia: User IKAI: 14 (2. Foto von unten), 232
Wikipedia: User Jklak: 48
Wikipedia: User Bernard Landgraf: 40 oben links
Wikipedia: User MDCarchives: 212 unten
Wikipedia: User Adrian Michael: 92
Wikipedia: User V. Mourre: 214 oben
Wikipedia: User Nucomu: 218
Wikipedia: User Ra'ike: 10 (2. Foto von unten), 116
Wikipedia: User Thomas Sack, mit Erlaubnis des Stadtarchiv
Hemer (Public domain): 200
Wikipedia: User J. S. Schuhmacher (Public domain): 172 oben
Wikipedia: User Chris Servheen/USFWS: 40 recht unten
Wikipedia: User Malen Thyssen: 126 unten
Wikipedia: User Tigerente: 9 oben, 90

Wikipedia: User Manfred Werner / Tsui: 40 oben rechts
Lektor Mag. Dr. Gerhard Withalm, Universität Wien,
Institut für Paläontologie: 216

Fundstätten- und Ortsregister

Salzofenhöhle bei Grundlsee im Toten Gebirge (Steiermark)
45, 79, 97, 163, 211, 234
Sausenheim bei Grünstadt (Pfalz) 32
Schafstall über Veringenstadt, Schwäbische Alb (Baden-
Württemberg) 231
Schlenkendurchgangshöhle bei Hallein (Salzburg) 234
Schnurenloch bei Thun im Simmental (Kanton Bern) 47, 65,
235
Schottloch bei Liezen im Dachsteingebirge (Steiermark) 63,
234
Schreiberwandhöhle bei Gosau im Dachsteingebirge
(Oberösterreich) 47, 209, 234
Schulerloch bei Kelheim im Altmühltal (Bayern) 231
Schusterlucke bei Albrechtsberg, auch Schusterloch oder
Tamerushöhle genannt (Niederösterreich) 234
Schwabenreith-Höhle bei Lunz am See (Niederösterreich) 47,
170, 234
Sontra-Berneburg (Hessen) 227
Sophienhöhle bei Ahorntal im Ailsbachtal, Fränkische Alb,
Oberfranken (Bayern) 231
Steigelfadbalm oberhalb Vitznau (Kanton Luzern) 235
Steinberg-Höhlenruine oberhalb Hunas bei Hartmannshof,
Fränkische Alb, Mittelfranken (Bayern) 68, 104, 108, 225, 231
Steinbockhöhle bei Peggau im Grazer Bergland (Steiermark)
234
Sulzfluhhöhle bei St. Antönien, auch Obere Seehöhle oder
Apollohöhle genannt, im Rätikon (Kanton Graubünden),
Eingänge in der Schweiz, Höhle erstreckt sich auch in
Österreich 45, 235
Sybillenhöhle auf der Teck, Schwäbische Alb (Baden-
Württemberg) 57, 231
Teufelshöhle bei Pottenstein, Fränkische Alb, Oberfranken
(Bayern) 116, 190, 231
Teufelslucke bei Eggenburg bzw. Roggendorf
(Niederösterreich) 234

Artenregister

Namensregister

Abel, Othenio 50, 117, 182, 183, 208, 209
Agricola, Georgius 48, 49
Alvarez, José-Manuel Benito 212
Auel, Jean M. 187, 212, 213
August der Jüngere, Herzog von Braunschweig-Lüneburg 228
Bächler, Emil 64, 65, 155, 159, 161, 207, 209
Bakker, Remie 138
Bauer, Georg 48
Bausch, Walter Michael 132, 219
Bayer, Josef 153
Beowulf 165
Blumenbach, Johann Friedrich 196, 197, 199, 201
Bockrath, Cornelia 17
Bode, Johann Elert 188
Braun, Ingmar M. 177, 227
Brückmann, Franz Ernst 194, 195
Bruno, Conrad 28
Buckland, William 54
Chapman, Michael 187, 213
Clottes, Jean 175
Costamoling, Willy 89, 217
Cuvier, Georges 38, 39, 201
Darga, Robert 17, 100, 101, 219
Dawkins, Richard 120, 121
Deninger, Karl Julius 27, 207
Deschamps, Eliette Brunel 173
Diedrich, Cajus 17, 77, 133, 140, 141, 178, 223
Döppes, Doris 39, 64, 197, 223, 25
Edinger, Tilly 131, 210, 211
Ehrenberg, Kurt 163, 208, 209
Engel, Thomas 17
Esper, Johann Friedrich 72, 75, 197

Sachregister

Rheinische Naturforschende Gesellschaft, Mainz 27
Richter-Fossilien, Augsburg 18
Rückenlinie 117
Sauerlandmuseum für Kunst- und Kulturgeschichte,
Attendorn 239
Schädel (Braunbär) 98, 105, 106
Schädel (Höhlenbär) 105, 106
Schädel (Mosbacher Bär) 25, 26
Scheuerung 57
Schienbein (Höhlenbär) 17, 119, 129
Schlafkuhle 61
Schmuck 170
Schnauzenform 105
Schneidezahn (Höhlenbär) 110, 111, 113, 115
Schrittlänge 61
Schulterhöhe (alpine Form) 100
Schulterhöhe (Braunbär) 101
Schulterhöhe (Eisbär) 197
Schulterhöhe (Höhlenbär) 101
Schulterhöhe (Kodiakbär) 207
Schulterhöhe (Mosbacher Bär) 33
Schwanz (Braunbär) 101
Sehvermogen 107
Sinter 43, 61
Sintflut 182
Skelett (Höhlenbär) 117
Solutréen 167
Sozialverhalten 125
Spaltenfüllung 32
Speiche (Höhlenbär) 119
Spengler-Museum, Sangerhausen 239
Staatliches Museum für Naturkunde Stuttgart 18, 189, 239
Städtisches Museum für Vor- und Frühgeschichte, Balve 239
Stadtmuseum „Haus Kupferhammer" 240
Sterbelager 79

Bücher von Ernst Probst

Affenmenschen
Von Bigfoot bis zum Yeti

Archaeopteryx
Der Urvogel aus Bayern

Der Ur-Rhein
Rheinhessen vor zehn Millionen Jahren

Höhlenlöwen
Raubkatzen im Eiszeitalter

Rekorde der Urzeit
Landschaften, Pflanzen und Tiere

Rekorde der Urmenschen
Erfindungen, Kunst und Religion

Säbelzahnkatzen
Von Machairodus bis zu Smilodon

Seeungeheuer
Von Nessie bis zum Zuiyo-maru-Monster

Meine Worte sind wie die Sterne
Die Rede des Häuptlings Seattle
und andere indianische Weisheiten
(zusammen mit Sonja Probst)

Taschenbuchreihe über die Bronzezeit:

Die Bronzezeit
Die Aunjetitzer Kultur
Die Straubinger Kultur
Die Adlerberg-Kultur
Die nordische Bronzezeit
Die Hügelgräber-Kultur
Die Lüneburger Gruppe in der Bronzezeit
Die Stader Gruppe in der Bronzezeit
Die Urnenfelder-Kultur
Die Lausitzer Kultur

Taschenbuchreihe über Superfrauen:

Superfrauen 1 – Geschichte
Superfrauen 2 – Religion
Superfrauen 3 – Politik
Superfrauen 4 – Wirtschaft und Verkehr
Superfrauen 5 – Wissenschaft
Superfrauen 6 – Medizin
Superfrauen 7 – Film und Theater
Superfrauen 8 – Literatur
Superfrauen 9 – Malerei und Fotografie
Superfrauen 10 – Musik und Tanz
Superfrauen 11 – Feminismus und Familie
Superfrauen 12 – Sport
Superfrauen 13 – Mode und Kosmetik
Superfrauen 14 – Medien und Astrologie
Superfrauen aus dem Wilden Westen

BEI GRIN MACHT SICH IHR WISSEN BEZAHLT

- Wir veröffentlichen Ihre Hausarbeit,
  Bachelor- und Masterarbeit

- Ihr eigenes eBook und Buch -
  weltweit in allen wichtigen Shops

- Verdienen Sie an jedem Verkauf

Jetzt bei www.GRIN.com hochladen
und kostenlos publizieren